FRANKFURTER GEOWISSENSCHAFTLICHE ARBEITEN

Serie D · Physische Geographie

Band 16

Karteninterpretation aus geoökologischer Sicht
– erläutert an Beispielen der Topographischen Karte 1 : 25 000 –

von

Arno Semmel, Hofheim a. Ts.

Herausgegeben vom Fachbereich Geowissenschaften
der Johann Wolfgang Goethe-Universität Frankfurt
Frankfurt am Main 1993

| Frankfurter geowiss. Arb. | Serie D | Bd. 16 | 85 S. | Frankfurt a.M. 1993 |

ISSN 0173-1807
ISBN 3-922540-46-5

Schriftleitung

Dr. Werner-F. Bär
Institut für Physische Geographie der Johann Wolfgang Goethe-Universität,
Postfach 11 19 32, D-60054 Frankfurt am Main

Die Deutsche Bibliothek - CIP-Einheitsaufnahme

Semmel, Arno:

Karteninterpretation aus geoökologischer Sicht - erläutert an
Beispielen der Topographischen Karte 1:25 000 / von Arno
Semmel. Hrsg. vom Fachbereich Geowissenschaften der
Johann-Wolfgang-Goethe-Universität Frankfurt. - Frankfurt
am Main : Inst. für Physische Geographie, 1993

(Frankfurter geowissenschaftliche Arbeiten : Ser. D, Physische
Geographie ; Bd. 16)
ISBN 3-922540-46-5
NE: Frankfurter geowissenschaftliche Arbeiten / D

Alle Rechte vorbehalten

ISSN 0173-1807

ISBN 3-922540-46-5

Anschrift des Verfassers

Prof. Dr. Dr. h. c. A. Semmel, Theodor-Körner-Str. 6, D-65719 Hofheim

Bestellungen

Institut für Physische Geographie der Johann Wolfgang Goethe-Universität,
Postfach 11 19 32, D-60054 Frankfurt am Main

Druck

F. M.-Druck, D-61184 Karben

Kurzfassung

Die Interpretation von topographischen Karten unter geoökologischen Aspekten erlaubt in besonders günstiger Weise die Einführung der Studierenden in landschaftsökologische Zusammenhänge. Es lassen sich einmal die Beziehungen innerhalb einer bestimmten Geofaktorenkonstellation darstellen, zum anderen aber auch die Möglichkeiten der Nutzung, die ein Landschaftstyp bietet, und die Rückwirkung der Nutzung auf den Landschaftshaushalt. Dieser Fragenkomplex wird eingehend am Beispiel von vier Karten der Topographischen Karte 1:25 000 behandelt. Für die Auswahl der Beispiele war maßgebend, daß sie dominante Landschaftstypen Mitteleuropas repräsentieren. Dazu werden hier Grundgebirgs-, Deckgebirgs-, Becken- und Glaziallandschaften gerechnet. Eine weitere Bedingung für die Heranziehung der Kartenbeispiele war, daß zu dem jeweiligen Blatt in jüngerer Zeit aufgenommene geologische und bodenkundliche Spezialkarten vorliegen, die eine Kontrolle der Interpretation ermöglichen.

Bei der Behandlung der Einzelbeispiele zeigt sich, daß das Gestein besondere Bedeutung für geoökologische Fragestellungen hat. Es beeinflußt entscheidend die anderen Geofaktoren, die Nutzungsmöglichkeiten und auch die Auswirkung der Nutzung auf die Landschaft. Diese Einschätzung verdient nicht zuletzt insofern Beachtung, als gemeinhin der Untergrund in geoökologischen Abhandlungen gar nicht oder kaum berücksichtigt wird. Deshalb kann geoökologische Karteninterpretation helfen, bessere Unterlagen - als bisher in vielen Fällen geschehen - an Nutzer-Institutionen zu liefern.

Abstract

The interpretation of topographical maps under geoecological aspects is especially well suited for the introduction of landscape-ecological connections to students. On the one hand, the relations within a certain constellation of geofactors can be presented. On the other hand, also the possibilities of landuse offered by certain types of landscapes can be shown, as well as the interaction of this landuse with the landscape involved. This complex of questions is dealt with in detail by means of four sheets of the Topographical Map 1:25 000. The selection was based on the dominant landscape types of Central Europe, which are areas with basement rocks, cover rocks, basins and glacially influenced areas. A further prerequisite for the selection of these map sheets was the availability of recent geological and soil maps from these areas, which allowed to control the interpretations.

The individual examples demonstrate that the factor "rock" is of special importance for geoecological questions. It distinctly influences the other geofactors, the landuse, and also the effects of landuse on the respective landscapes. This view deserves special attention, as the factor "rock" is usually only treated marginally or even neglected in geoecological studies. Therefore, the geoecological interpretation of maps can help to provide better support - than previously in many cases - to the user institutions.

Statt eines Vorwortes:
Anmerkungen zur Schriftenreihe "Frankfurter geowissenschaftliche Arbeiten"

Mit dem Band D 16 der "Frankfurter geowissenschaftlichen Arbeiten" erscheint der 45. Band der Schriftenreihe insgesamt, zugleich der letzte von mir verfaßte. Das gibt Gelegenheit zu einem kurzen Rückblick und zum Dank.

Als ich vor ca. 15 Jahren dem Rat des Fachbereiches Geowissenschaften der Johann Wolfgang Goethe-Universität die Einrichtung dieser Schriftenreihe vorschlug, begegnete ich nicht geringer Skepsis. Einmal bestanden Bedenken wegen der Finanzierbarkeit eines solchen Unternehmens, zum anderen wurde bezweifelt, ob die über einzelne Fachinteressen hinaus nötige einheitliche formale Gestaltung der Reihe gelingen würde, nicht zuletzt sollte ja auf diese Weise der fachlich recht heterogene Fachbereich Geowissenschaften in der Öffentlichkeit als Einheit repräsentiert werden (vgl. Vorwort des Dekans in D 1).

Die inzwischen vorliegenden 40 Bände zeigen zweifellos, daß diese Bedenken überflüssig waren. Eine wesentliche Ursache dafür ist in dem Engagement des Schriftleiters, Herrn Akad. Oberrat Dr. Werner Francisco Bär, zu sehen. Herr Bär hat es meisterhaft verstanden, die Schriftenreihe redaktionell auf einen guten Weg zu bringen und keine Mühe gescheut, in freundlichen, geduldigen und ausdauernden Gesprächen auch den widerspenstigsten Autor davon zu überzeugen, daß gewisse formale Mindestanforderungen an Druckvorlagen nicht zu vermeiden sind. Der Schriftenreihe gereichte das sehr zum Vorteil. Herr Bär war außerdem ständig bemüht, zu denkbar günstigen Preisen einen auch qualitativ ansprechenden Druck zu ermöglichen. Den Dank dafür verbinde ich mit der Hoffnung, daß die "Frankfurter geowissenschaftlichen Arbeiten" ihren Weg erfolgreich fortsetzen.

Frankfurt a. M., im April 1993   Arno Semmel

Inhaltsverzeichnis

Seite

1 Wozu Karteninterpretation ?   9

2 Blatt 5715 Idstein   13
    2.1 Gestein   13
    2.2 Wasserhaushalt   17
    2.3 Boden   21
    2.4 Baugrund   24
    2.5 Lagerstätten   25
    2.6 Deponien   26

3 Blatt 5224 Eiterfeld   29
    3.1 Gestein   29
    3.2 Wasserhaushalt   34
    3.3 Boden   37
    3.4 Baugrund   42
    3.5 Lagerstätten   43
    3.6 Deponien   44

4 Blatt 5916 Hochheim a. Main   47
    4.1 Gestein   48
    4.2 Wasserhaushalt   56
    4.3 Boden   60
    4.4 Baugrund   65
    4.5 Lagerstätten   66
    4.6 Deponien   68

5 Blatt 7931 Landsberg a. Lech   71
    5.1 Gestein   72
    5.2 Wasserhaushalt   77
    5.3 Boden   80
    5.4 Baugrund   82
    5.5 Lagerstätten   83
    5.6 Deponien   84

1 Wozu Karteninterpretation ?

Das Lesen und Interpretieren von topographischen Karten, vor allem solcher größerer Maßstäbe, ist nicht nur für Geographen von Nutzen, sondern für sämtliche Wissenschaftler, die sich mit Erdräumen befassen. Darüber hinaus ziehen viele andere Benutzer Gewinn aus solchen Karten. So meint etwa der bekannte Politikwissenschaftler Klaus Mehnert in seinen Erinnerungen "Ein Deutscher in der Welt" (Fischer-Taschenbuch 3478), er habe sehr große Vorteile daraus gezogen, daß er schon früh das Lesen topographischer Karten gelernt habe. Diese hohe Meinung vom allgemeinen Nutzen topographischer Karten wird allerdings nicht uneingeschränkt geteilt. Offensichtlich kommt sogar der Erdkundeunterricht, wenn es denn einen solchen überhaupt gibt, an manchen Schulen ohne topographische Karten aus. Damit in Einklang steht auch die Meinung nicht weniger Zeitgenossen, die topographische Karte sei vor allem als Träger raumbezogener Daten von Luft- und Satellitenbildern sowie von elektronischen Informationssystemen überholt und zu Recht verdrängt worden. Entsprechendes hört man von manchem Geowissenschaftler, der in Verbindung damit auch gleich die Produktion von geologischen, bodenkundlichen und anderen Spezialkarten als überflüssig betrachtet und diese Haltung damit begründet, daß das den Karten zugrundeliegende Datenmaterial zu schnell veralte (vgl. dazu VINKEN 1992:21).

Derartige Einschätzungen stehen in deutlichem Widerspruch zu Auffassungen, wie sie beispielsweise FEZER (1974:9) äußert, wonach es keine Methode gibt, "sich schneller über einen Raum oder über einzelne Probleme eines Raumes zu informieren, als durch Lesen, Analysieren und Interpretieren von Karten". Sie werden von LOUIS (1979:2) für die vielseitigste, getreueste und daher wichtigste Abbildung von Teilen der Erdoberfläche gehalten. Laut VOSSMERBÄUMER (1992:79) beginnt auch das geologische Kartenlesen bereits auf der topographischen Grundkarte. Wenn MOSELEY (1982:2) sich sicher ist, daß es eine Fülle ausgezeichneter geologischer Karten gibt, aus denen Studenten noch in vielen kommenden Dekaden lernen werden, so darf das auch auf viele andere Karten übertragen werden, vor allem aber auch auf topographische.

Doch das Vermögen, Karten zu lesen und zu interpretieren, sollte nicht nur unter dem Gesichtspunkt der lokalen, fall- und fachspezifischen Anwendung in der Praxis gefördert werden. Vielmehr vermag kaum eine andere Methode so gut übergeordnete räumliche Zusammenhänge in einer Landschaft zu erfassen wie die Karteninterpretation (vgl. dazu HÜTTERMANN 1978). Der Nachweis, daß mit einem Geo-Informationssystem, wie es von VINKEN (1992) propagiert wird, eine bessere Übersicht über die funktionalen Zusammenhänge in einer Landschaft zu gewinnen ist als mit Hilfe einer Karte, steht wohl noch aus. In ganz besonderer Weise gilt das für den geoökologischen Bereich. In meiner Lehrpraxis zeigte sich immer wieder, daß gerade geo-ökologische Verknüpfungen mit Hilfe topographischer Karten überzeugend abzuleiten sind. Sogar im Schulunterricht ist auf diese Weise erfolgreich gearbeitet worden (KEIL 1989). Deshalb erscheint es sinnvoll, die praktizierten Verfahrensweisen hier am Beispiel ausgewählter Beispiele der TK 25 einem breiteren Interessentenkreis vorstellen zu wollen und zu zeigen, welche geoökologischen Fakten und Zusammenhänge durch die Interpretation topographischer Karten erkannt werden können.

Geoökologisch zu interpretieren bedeutet hier nicht, vordringlich mehr oder weniger in sich homogene Flächeneinheiten (Ökotope etc.) im Sinne von LESER & KLINK (1988:27 ff.) auszuweisen, sondern die dominierenden Geofaktoren und ihr Beziehungsgefüge in einem Landschaftstyp zu erkennen, ihre Bedeutung für die Nutzung und die Auswirkung der Nutzung in generalisierender Form darzulegen. In diesem Zusammenhang kommen geowissenschaftliche Aspekte stärker zum Tragen als biowissenschaftliche. Letztere werden m. E. (SEMMEL 1981:3 f.) allgemein und auch in der Geoökologie oder Landschaftsökologie bevorzugt behandelt. Es besteht die Gefahr, daß dadurch gravierende Elemente der Daseinsvorsorge und der Umweltsicherung nicht die ihnen an sich zustehende Beachtung finden. So fehlt beispielsweise das Gestein als Subsystem im Geosystem-Modell von LESER (zuletzt 1991:144 f.). FINKE (1986:49) billigt den "geologischen Verhältnissen" immerhin zu, daß sie bei einer landschaftsökologischen Betrachtung durchaus eigenständige Probleme darstellen könnten, behandelt aber den geologischen Untergrund im Rahmen seiner "Landschaftsökologie" nur sehr knapp. Eine betont anwendungsbezogene Landschaftsökologie, die vor allem der Raumplanung fundierte Empfehlungen geben will, wird nach meiner Erfahrung auf die Dauer nicht umhinkommen, die geologischen Verhältnisse gleichrangig mit Relief, Boden etc. zu behandeln. Wie die nachfolgenden Kartenbeispiele zeigen, reicht es nicht, sich auf den "oberflächennahen Untergrund" zu beschränken.

Bei der Auswahl der Kartenbeispiele war entscheidend, daß die wesentlichsten terrestrisch geprägten Landschaftstypen Deutschlands berücksichtigt werden sollten. Dazu gehören Grundgebirgslandschaften (in der Regel mit Rumpfflächenrelief), Deckgebirgslandschaften (in der Regel mit Schichtstufenrelief), Beckenlandschaften sowie Glaziallandschaften. Weiterhin war maßgebend, daß zu jedem Beispiel in jüngerer Zeit aufgenommene geologische und bodenkundliche Spezialkarten 1:25 000 vorlagen, damit die Interpretation des topographischen Blattes hinsichtlich dieser Geofaktoren überprüfbar ist. Schließlich wurden Blätter bevorzugt, die Landschaftsausschnitte wiedergeben, die mir aus persönlicher Anschauung bekannt sind. Von daher erscheint besser abschätzbar, was das Kartenbild tatsächlich von der realen Landschaft widerspiegelt. Die Gefahr, aufgrund der Geländekenntnis ein Kartenblatt überzuinterpretieren und Dinge zu sehen, die gar nicht aus dem Kartenbild abgeleitet werden können, ist sicher nicht gering, doch kann der Leser selbst kontrollieren, ob ihr hinreichend begegnet wurde. Andererseits ermöglicht gerade die eigene Geländekenntnis besser, Kartenfehler zu erkennen und zu gewichten.

Bei dem Leser sind Vorkenntnisse erwünscht, wie sie in der Regel während eines geographischen Grundstudiums erworben werden können. Das Büchlein sollte nur unter gleichzeitiger Verwendung der angegebenen Kartenblätter gelesen werden (Blatt 5715 Idstein, Ausgabe 1984; Blatt 5224 Eiterfeld, Ausgabe 1982; Blatt 5916 Hochheim a. Main, Ausgabe 1985; Blatt 7931 Landsberg a. Lech, Ausgabe 1984).

Literatur zu Kapitel 1

FEZER, F. (1974): Karteninterpretation. - Das geogr. Seminar, Praktische Arbeitsweisen: 149 S.; Braunschweig.

FINKE, L. (1986): Landschaftsökologie. - Das geogr. Seminar: 206 S.; Braunschweig.

FRANK, F. (1987): Die Auswertung großmaßstäbiger Geomorphologischer Karten (GMK 25) für den Schulunterricht. - Beiträge zum GMK-Schwerpunktprogramm VII. - Berliner Geogr. Abh., **46**: 100 S., 29 Abb., Legende d. GMK 25; Berlin.

HÜTTERMANN, A. (1978): Die topographische Karte als geographisches Arbeitsmittel. - Der Erdkundeunterricht, **26**: 72 S.; Stuttgart.

HÜTTERMANN, A. (1981): Karteninterpretation in Stichworten. - Bd. I, 2. Aufl.: 160 S.; Kiel.

KEIL, G. (1989): Geowissenschaftliche Aspekte des Erdkundeunterrichts in der Oberstufe - Beispiel: Karteninterpretation. - Frankf. geowiss. Arb., **10**: 201-206; Frankfurt a. M.

LESER, H. (1991): Landschaftsökologie. - 3. Aufl., Uni. Taschenb., **521**: 647 S.; Stuttgart.

LESER, H. & KLINK, H.-J. [Hrsg.] (1988): Handbuch und Kartieranleitung Geoökologische Karte 1:25 000. - Forsch. dt. Landeskde., **228**: 349 S.; Trier.

LOUIS, H. (1979): Allgemeine Geomorphologie. - 814 S.; Stuttgart.

MOSELEY, F. (1982): Übungen zur geologischen Karteninterpretation. - 78 S.; Stuttgart.

SEMMEL, A (1984): Geomorphologie der Bundesrepublik Deutschland. - 4. Aufl., Erdkdl. Wissen, 30: 192 S.; Stuttgart.

SEMMEL, A. (1991): Landschaftsnutzung unter geowissenschaftlichen Aspekten in Mitteleuropa. - 3. Aufl., Frankf. geowiss. Arb., **2**: 83 S.; Frankfurt a. M.

SEMMEL, A. (1991): Relief, Gestein und Boden. - 148 S.; Darmstadt.

SEMMEL, A. (1993): Grundzüge der Bodengeographie. - 3. Aufl., 127 S.; Stuttgart.

VINKEN, F. (1992): From Digital Map Series in Geosciences to a Geo-Information System. - Geol. Jb., **A 122**: 7-25; Hannover.

VOSSMERBÄUMER, H. (1992): Geologische Karten. - 244 S.; Stuttgart.

2 Blatt 5715 Idstein

Das Blatt Idstein gibt einen Ausschnitt des Rheinischen Schiefergebirges wieder, dessen Untergrund im wesentlichen aus variscisch gefalteten Gesteinen (paläozoischen Tonschiefern und - zurücktretend - Quarziten, Kalken und Sandsteinen) besteht, also Grundgebirge darstellt. Das Relief des Blattgebietes zeigt die für das Rheinische Schiefergebirge typischen Merkmale, nämlich hochgelegene (hier vorwiegend zwischen 300 und 400 m NN) tertiäre Verflachungen, in die pleistozäne Täler tief eingeschnitten sind. Zwischen Verflachungen und Tälern vermitteln pleistozäne Dellensysteme. Viele der Hohlformen folgen dem im Rheinischen Schiefergebirge weit verbreiteten variscischen Streichen (NE/SW) oder einer mehr oder weniger senkrecht dazu laufenden Richtung. Als Beispiele für den ersten Fall seien der Mittel- und der Unterlauf des Klingelbachtales im Nordosten, mehrere Nebenbäche des Emsbaches im Osten und die Nebenbäche des Hühnergrundes im Südwesten des Blattes angeführt, für den zweiten Fall der Hühnergrund selbst, der Emsbach und Bachläufe im Nordosten von diesem. Eine andere Richtung, nämlich N/S, weisen große Strecken des Wörsbaches, des Kessel- und Auroffbaches (westlich Idstein), des Knallbaches (zwischen Idstein und Walsdorf) und des Schla-Baches (zwischen Heftrich und Esch) auf. Senkrecht zu ihnen laufen Wall-Bach, mehrere kleinere Nebenbäche des Wörsbaches und der Har-Bach südlich Esch. Am auffälligsten ist aber, daß der zentrale Blattbereich, der fast ausschließlich ackerbaulich genutzt wird, ebenfalls N/S-laufende Grenzen zu den benachbarten, überwiegend bewaldeten Gebieten hat. Solche relativ geradlinigen Grenzen sind oft tektonisch beeinflußt. Es bieten sich also mehrere Anhaltspunkte dafür, daß der Untergrund und das Relief des Blattgebietes von tektonischen Störungen stark betroffen sind. Welche geoökologischen Folgerungen sind daraus zu ziehen?

Die Tektonik beeinflußt das Klima eines Gebietes, indem durch sie absolute Höhe, Exposition und Hangneigung mitbestimmt werden. Von der Tektonik mitgeprägt sind die Verbreitung und Lagerung der Gesteine, das Relief und damit der Wasserhaushalt, die Differenzierung der Bodendecke, Möglichkeiten der Bebauung und Verkehrserschliessung, der Lagerstätten- und Deponienutzung sowie die land- und forstwirtschaftliche Nutzung.

2.1 Gestein

Mit welchen Gesteinen ist im Blattgebiet zu rechnen, und wie wirken sie sich geoökologisch aus? Als allgemein bekannt darf vorausgesetzt werden, daß im Rheinischen Schiefergebirge Tonschiefergesteine dominieren. Außerdem gibt es Quarzite, Sandsteine, Grauwacken sowie - regional begrenzt - Vulkanite, Kalksteine und Kiese. Der Tonschiefer besitzt im Vergleich zu den anderen aufgeführten Gesteinen geringe Durchlässigkeit. Eine solche äußert sich im Relief durch eine starke Zertalung und ein dichtes Gerinnenetz. Das ist im vorliegenden Fall gegeben. Ohne auf quantitative Angaben eingehen zu wollen, sei empfohlen, zum Vergleich benachbarte Blätter heranzuziehen, auf denen lokal die anderen kaum zertalten Gesteine vorherrschen, wie etwa auf dem südlich anschließenden Blatt 5815 Wehen der Taunusquarzit. Es darf deshalb aus dem Blattbild abgeleitet werden, daß im Bereich der TK 25 Idstein überwiegend Tonschiefer den Untergrund bildet.

Vergleicht man die Signaturen in den künstlichen Aufschlüssen, so ist zumindest auf den älteren Ausgaben (z. B. 1970) in der Regel Festgestein eingetragen (Steinbruch). Auf steileren Hängen findet man die Klippenschraffung. Nur auf dem steilen Osthang des Emsbachtales ("Goldener Grund") fehlt diese, und in keinem Aufschluß ist die Steinbruch-Signatur eingetragen. Der konvexe Hang, seine sehr geringe Zerschneidung durch Täler lassen den Schluß zu, daß hier morphologisch hartes, wasserdurchlässiges Gestein den Untergrund bildet. Wegen der fehlenden Festgesteins-Signatur ist anzunehmen, daß es sich um mächtigere Kiese handelt. Solche Akkumulationen gibt es bekanntlich an manchen Stellen des Rheinischen Schiefergebirges in Form der oligozänen Vallendarer Schotter, die hauptsächlich in tektonische Gräben anzutreffen sind. Die Bezeichnung "Haidchen" der Höhe 309.0 östlich Würges läßt ebenfalls den Schluß auf sandig-kiesigen Untergrund zu. Die derzeitige teilweise Grünlandnutzung widerspricht dem nicht, denn diese muß nicht unbedingt einen feuchten Standort dokumentieren, sondern spiegelt manchmal auch Grenzertragsnutzung auf trockenen, sehr steinigen Böden wider. Außerdem können in die Vallendarer Schotter eingeschaltete Tonlagen durchaus lokale Vernässungen hervorrufen. Den gleichen Effekt haben geringmächtige Kieslagen auf undurchlässigem Untergrund.

Die Aufschlüsse mit Festgesteins-Signatur liegen meistens an Unterhängen. Nur hier ist in der Regel frischer oder nur schwach angewitterter Tonschiefer zu finden. In höheren Lagen macht sich die tiefgründige Zersatzzone der tertiären Verwitterung bemerkbar. Die wenigen Aufschlüsse, die hier Festgesteins-Signatur zeigen, lassen den Schluß zu, daß hier härtere Gesteine (Quarzit, Sandstein) anstehen, die durch die tertiäre Verwitterung weniger an Festigkeit verloren haben als der Tonschiefer. Ein entsprechendes Beispiel ist wahrscheinlich mit dem "Steinkopf" westlich Bad Camberg gegeben, dessen Namen überdies auf hartes Gestein hinweist. Da dieser Berg nicht sehr über die flache Umgebung aufragt, ließe sich in ihm ein - allerdings wahrscheinlich unechter - "Schildinselberg" tertiären Alters vermuten, doch kann die flache Form des Berges auch mit einem geringmächtigen und wenig ausgedehnten Vorkommen harten Gesteins zusammenhängen, dessen Resistenz möglicherweise noch dazu durch zwischengeschaltete Tonsteinlagen reduziert ist.

Nicht alle Aufschlüsse ohne Festgesteins-Signatur sind in durchlässigen Kiesen angelegt. Östlich des Steinkopfes zeigt der kräftig zerdellte Westhang des Emsbachtales wenig durchlässigen Untergrund an. Hier liegen am Gründches- und am Peters-Berg mehrere Gruben ohne Festgesteins-Signatur im obersten Teil eines flachen und langen ostexponierten Hanges, der den Gegenhang zum steilen und kurzen Osthang des Emsbachtales darstellt. Das Tal weist somit die typische Form eines periglazial asymmetrischen Tales auf. Das bedeutet, daß auf dem flachen ostexponierten Hang wahrscheinlich eine mächtige Lößdecke liegt. In den Gruben könnte Löß oder Lößlehm für Ziegeleien gewonnen worden sein, wobei sich günstig auswirkt, daß in dieser Höhenlage die Mächtigkeit des kalkhaltigen Lösses zugunsten von kalkfreiem, tonigerem Lößlehm schon sehr reduziert ist. Vor allem in Dellenanfängen kommen in solchen Lagen oft mehrere fossile Bt-Horizonte vor, die die Qualität des Ziegelrohstoffes verbessern. Das gilt sicher für die Ziegelei am Westrand von Idstein, die auf den älteren Kartenausgaben (z. B. 1970) noch eingetragen ist und in ähnlicher Position liegt. Bei den Gruben am Gründches- und am Peters-Berg sind aber weder die für Ziegeleien typischen Gebäudekomplexe noch die Bezeichnung "Ziegelei" eingetragen. Die Nutzung dieser Gruben für Ziegeleirohstoffe ist allein deshalb schon wenig wahrscheinlich, weil die Ziegeleien üblicherweise wegen der Vermeidung hoher Transportkosten direkt an der Lagerstätte eingerichtet wurden. Nicht völlig auszuschließen ist, daß hier einmal Feldziegeleien gearbeitet haben, die ohne größeren Gebäudeaufwand auskamen. Doch sind solche Nutzungen in der zweiten Hälfte dieses Jahrhunderts kaum noch anzutreffen gewesen.

Es bleibt aber noch eine andere Deutungsmöglichkeit der Gruben: In ihnen können tonige oder farbige Residuen tertiärer Verwitterungsdecken für Keramik- oder Farbrohstoffe abgebaut worden sein. Die Gruben liegen am Rande eines ± 300 m hohen Flächenrestes und damit in Höhe des jüngsten tertiären Verebnungsniveaus, das im Taunus ausgebildet ist. Ein fast geschlossener Zug solcher Formenreste reicht vom Peters-Berg über den Eulers-Berg, die Wasserkaut östlich Wallrabenstein, die Wasserkaut nordöstlich Wörsdorf und die Hohe Straße bis nordöstlich Idstein. Die Bezeichnung "Wasserkaut" läßt sich als Hinweis auf Vernässungen interpretieren, Erscheinungen, die oft von tonigen Verwitterungsresten verursacht werden.

Mit solchen Verwitterungsresten ist natürlich auch auf höheren Verebnungen zu rechnen, etwa in ca. 340 m NN zwischen Idstein und Esch oder in 400 m ü. NN im Südwestteil des Blattes im Verlauf der Hühnerstraße (Vorderwald südlich Limbach, Breister-Berg, Geierskopf westlich Kesselbach), beziehungsweise im Südosten auf dem Heidekopf und Wolfsbacher Wald (Idsteiner Stadtwald) und im Nordosten (Laubach, Todtenkopf). Doch zeichnen sich gerade diese höheren Niveaus durch schlechtere Erhaltung aus. Durch die jüngere Überformung ist hier in der Regel der größte Teil der alten Verwitterungsdecke abgetragen worden, weil die höheren Reliefteile während der pleistozänen Kaltzeiten zeitweise intensiverer Verwitterung und Abtragung ausgesetzt waren. Manchmal liegen Reste des Verwitterungssubstrates in den unterhalb anschließenden Mulden. Gelegentlich gerieten auch Teile der tertiären Verwitterungsdecke durch tektonische Absenkungen in tiefere Lagen. Schließlich bleibt zu beachten, daß im Bereich tektonischer Störungen hydrothermaler toniger Zersatz anzutreffen ist.

Das am weitesten verbreitete oberflächennahe Gestein wird zweifellos periglazialer Schutt sein, der erfahrungsgemäß den größten Teil des bewaldeten Gebietes nicht nur im Rheinischen Schiefergebirge, sondern allgemein in den deutschen Mittelgebirgen einnimmt. Er bildet sicher auch auf vielen Äckern den Untergrund und wird nur in tieferen oder günstigen ostexponierten Lagen von Löß oder Lößlehm abgelöst, beziehungsweise von Kolluvien der Bodenerosion. An den steileren Hängen reicht der Schutt bis in die Talböden. In diesen liegen die fluvialen Korrelate des Schutts, die Schotter der letzten Kaltzeit. Sie tragen eine Decke von holozänem Auenlehm.

Ältere Schotterterrassen lassen sich zwar auf der topographischen Karte nicht mit Sicherheit erkennen, doch gibt es sie sicher unter den Lößdecken auf den ostexponierten Hängen des Emsbachtales und des Wörsbachtales. Sie blieben hier erhalten, weil die Wasserläufe während der pleistozänen Kaltzeiten nach Osten wanderten. Eine solche Entwicklung ist typisch für unsere periglazial asymmetrischen Täler. Einen Hinweis auf Reste älterer Terrassen gibt das ungleichmäßige Hanggefälle. So ist zum Beispiel westlich Würges bis zur Bahnlinie ein ziemlich steiler Anstieg zu erkennen, dem zwischen ca. 235 und 240 m NN eine deutliche Verflachung folgt. Diese wird wiederum von einem stärkeren Anstieg bis ca. 243,75 m NN abgelöst (nordöstlich Hessenweiler). Auf dem nördlich davon liegenden Riedel wiederholt sich eine solche Gliederung. Erfahrungsgemäß liegen unter den Verflachungen Schotterkörper; deren genaue Grenzen können aber wegen der mächtigen Lößbedeckung nicht exakt auf der Karte festgelegt werden. Auch auf den Westhängen des Wörsbachtales sind vergleichbare Verflachungen, wenngleich undeutlicher, zu erkennen, so zum Beispiel südlich des Hofes am Nordrand von Idstein zwischen 285 und 290 m NN, am Südosthang des Auroffer Berges zwischen 270 und 280 m NN, auf dem Hintern Loh nördlich Wallrabenstein zwischen 250 und 255 m NN und östlich Beuerbach (Auf dem Rot) zwischen 240 und 250 m NN. Wegen der geringen Ausdehnung der Einzugsgebiete beider Täler ist damit zu rechnen, daß Mächtigkeit und Sortierung der Kiese gering sind.

2.2 Wasserhaushalt

Was den Wasserhaushalt des Blattgebietes anbetrifft, so ist zunächst eine klimabedingte Differenzierung zwischen dem tieferliegenden, überwiegend landwirtschaftlich genutzten Gebiet und den bewaldeten höheren Lagen anzunehmen. In niedrigen Gebieten fallen nicht nur weniger Niederschläge, sondern infolge höherer jährlicher Temperaturmittel ist die Verdunstung auch größer. Allerdings bleibt dabei zu berücksichtigen, daß der Wald, insbesondere der dominierende Laubwald, jahreszeitlich größere Niederschlagsmengen verbraucht als die landwirtschaftliche Fläche. Er verzögert indessen den Oberflächenabfluß und wirkt so in jedem Fall hochwasserdämpfend. Die kräftige Zertalung fördert ansonsten den Oberflächenabfluß.

Ähnliches gilt für große Teile der Böden und des oberflächennahen Untergrundes. Auf den steileren Hängen muß - wie überall im Rheinischen Schiefergebirge - mit allenfalls mittelgründigen Böden (30-60 cm) gerechnet werden, die aus lößlehmhaltigem Schieferschutt bestehen, der mittlere Durchlässigkeit besitzt (Einstufung nach BODENKUNDLICHE KARTIERANLEITUNG 1982). Unter diesem "Deckschutt" liegt allerdings stark zerklüfteter, hohlraumreicher und mithin durchlässiger Schiefer (Bereich des "Hakenschlagens" und des "Basisschuttes"), bevor der porenarme, wenig oder gar nicht durchlässige Tonschiefer einsetzt. In Dellen und an Unterhängen ist in der Regel der nur gering oder sehr gering durchlässige stark lößlehmhaltige "Mittelschutt" unter dem Deckschutt zu finden.

Unterhalb von ca. 290 m NN dominiert auf ostexponierten Hängen der Löß, der mittlere bis hohe Durchlässigkeit aufweist, wenn er keine fossilen Bt-Horizonte enthält, die nur sehr gering durchlässig sind. Auf ihm war ursprünglich eine gering durchlässige Parabraunerde ausgebildet, die aber an vielen Stellen durch die anthropogene Bodenerosion abgetragen wurde, so daß sich die Bedingungen für die quantitative Grundwasserregenerierung verbessert haben. Dennoch wird erfahrungsgemäß auf langgestreckten beackerten und mit vielen Wegen überzogenen Hängen der Oberflächenabfluß bei Stark- und Dauerregen sehr groß. Hierin ist eine Hauptursache der Talbodenüberflutungen zu suchen, der man durch Bau von Rückhaltebecken (zum Beispiel südlich Bad Camberg) zu begegnen versucht.

Die Bedingungen für die Grundwasserregenerierung sind als besonders schlecht unter den tonigen, nahezu undurchlässigen Residuen der tertiären Verwitterungsdecke auf den Hochflächenresten anzusehen. Das gilt ebenso für die Hangbereiche, auf denen umgelagerte tonige Verwitterungsrelikte liegen. Solche können manchmal bis in die Talauen hinabreichen und oft die Basis von besser durchlässigen Substraten wie Löß und Solifluktionsschutt bilden. An verschiedenen Stellen wird der lößfreie und meist besser durchlässige Basisschutt durch die kräftige Beimengung solcher toniger Verwitterungssubtrate sehr gering bis undurchlässig.

In den Auen liegt an der Oberfläche brauner Auenlehm, der überwiegend hoch durchlässig ist. Die Durchlässigkeit wird aber erheblich durch die Grasdecke vermindert, die den Auenlehm bestockt. Wegen der Hochwassergefährdung ist im allgemeinen hier nur die Nutzung als Grünland empfehlenswert.

Der tiefere und als eigentliches Speichergestein dienende Untergrund besteht im Blattbereich - wie schon begründet - wohl überwiegend aus Tonschiefer. Dieser hat ein sehr geringes Porenvolumen und speichert meist nur in Klüften Grundwasser. Entsprechende hohlraumreiche Partien sind im Bereich junger Störungen und dort vorwiegend an deren Kreuzungsstellen zu finden. Solche liegen oft in den größeren Talböden dort, wo Nebentäler einmünden, da das Talnetz - wie schon ausgeführt - hier weitgehend den tektonischen Strukturen folgt. An den entsprechenden Stellen sammelt sich nicht nur Sickerwasser aus dem Talboden, sondern häufig steigt auch in den Kluftzonen Grundwasser auf, das unter hydrostatischem Druck aus dem benachbarten höherliegenden Gebirge steht. Die Pumpwerke südlich und nördlich von Idstein, westlich Görsroth sowie nordwestlich von Esch werden wahrscheinlich Grundwasser aus solchen Zerrüttungszonen gewinnen. Für die Wasserwegsamkeit der Störungen ist wichtig, daß sie jung und deshalb noch nicht mit feinkörnigen Substanzen dichtgesetzt sind. Durch ähnliche Vorgänge kann auch die Schüttung der Quellen in den Talanfängen beeinflußt werden.

Neben dem Tonschiefer ist hauptsächlich mit den Vallendarer Schottern als wesentlicher Bestandteil des Untergrundes zu rechnen. Sie sind wahrscheinlich (vgl. oben) auf dem Osthang des Emsbachtales in der Umgebung von Würges anzutreffen. Nicht auszuschließen ist, daß sie auch auf dem Gegenhang unter mächtigerem Löß und älteren Emsbach-Terrassen liegen. Obwohl diese Kiese schlecht sortiert sind und viel feinkörniges Material enthalten, weisen sie doch ein wesentlich höheres Porenvolumen und damit deutlich bessere Speicherkapazität als der Tonschiefer auf. Dennoch liefert die Karte keine Hinweise darauf, daß aus diesen Kiesen Wasser gewonnen wird. Vielleicht sind die Kiesvorkommen zu kleinen Volumens. Die auf der Karte eingetragenen Wasserbehälter sagen nichts darüber aus, wo das in ihnen gespeicherte Wasser herkommt, sondern dienen nur zur Erreichung des für die Wasserversorgung der tieferliegenden Siedlungen nötigen Wasserdrucks durch entsprechenden Höhenunterschied. Einzig das Pumpwerk nördlich Hessenweiler könnte Wasser aus Vallendarer Schottern unter mächtigem Löß fördern. Hier ist aber auch nicht auszuschließen, daß Wasser aus einer Störungszone gewonnen wird, die sich vermutlich in dem westlich davon ausgebildeten, Nord/Süd laufenden Geländeanstieg äußert, dem der Nutzungswechsel folgt. Diese Störung müßte indessen höheres Alter haben, denn das ± 300 m-Niveau greift in der Umgebung von Wallrabenstein über sie nach Westen hinweg. Sicher wäre es gewagt, daraus allein auf eine geringe Speicherfähigkeit des Gesteins zu schließen, bereits kleinere jüngere Bewegungen könnten ja die Wasserwegsamkeit wieder verbessert haben, aber das erwähnte Pumpwerk dient offensichtlich nur der Wasserversorgung von Hessenweiler, wofür relativ kleine Mengen ausreichen dürften.

Ein Aspekt soll hier im Zusammenhang mit der Grundwasserspeicherung in den Vallendarer Schottern noch kurz berücksichtigt werden: Das in Frage kommende Gebiet auf dem Osthang des Emsbachtales besitzt sehr starke Neigung, wahrscheinlich ein wesentlicher Grund für seine Nutzung als Streuobstwiesen. Diese Nutzung bedeutet aber dicht begrasten Boden und geringe Versickerung von Niederschlagswasser, so daß gerade der Untergrund mit relativ guter Speicherkapazität geringe Grundwasserneubildung aufweist. Die Neubildung könnte durch Zufluß aus dem östlich anschließenden höheren Gebirge verbessert werden, jedoch ist der Karte zu entnehmen, daß mehrere Tälchen und Dellen zumindest den Oberflächen- und oberflächennahen Abfluß unterbinden.

Als Untergrund mit besserer Speicherkapazität für Grundwasser sind die periglazialen Terrassenkiese zu erwähnen. Als größere zusammenhängende Vorkommen sind die Schotterkörper der Talböden anzusehen. Das Speichervolumen wird allerdings durch die geringe Mächtigkeit der Kiese und deren hohen Gehalt an tonigem Material, das aus den weichen Tonschiefern stammt, eingeschränkt sein. Der Anteil von feinkörnigem Solifluktions- und Schwemmschutt ist in den Kiesen dieser engen und verhältnismäßig kurzen Täler sehr groß. Trotzdem ließe sich für geringeren Bedarf hier Grundwasser gewinnen. Die quantitativ besten Bedingungen bietet die breite Niederterrasse des Emsbaches, schlechtere die des Wörsbaches, die vor allem nördlich Wallrabenstein sehr schmal wird. Die vielen Felsschraffen auf dem Osthang zeigen härteres Gestein an. Das Gefälle im Längsprofil ist größer. Im Unterschied zum Emsbach fließt der Wörsbach in diesem nördlichen Teil bereits außerhalb des weiter östlich anschließenden Gebietes, für das eine Absenkung als wahrscheinlich angenommen wird (Vorkommen der Vallendarer Schotter, geradlinig verlaufender Reliefabfall).

Flußterrassen und Auen entwickeln sich wegen des geringeren Gefälles in Senkungsgebieten relativ breit. Das zur Diskussion stehende Talstück müßte demnach in einer Hochscholle ausgebildet sein. Dem scheint zu widersprechen, daß die jungtertiäre ± 300 m-Fläche in diese Hochscholle übergreift, die Gegensätze zwischen Hoch- und Tiefscholle seit dieser Zeit mithin keine große Bedeutung mehr für die geomorphologische Entwicklung gehabt haben dürften. Jedoch ist nicht auszuschließen, daß sich innerhalb der einzelnen Schollen in jüngerer Zeit Teilschollen entwickelt haben, die spezielle Bewegungen erfuhren. Aufgrund des buchtartig tiefliegenden Geländes zwischen Walsdorf und Bad Camberg erscheint es nicht abwegig, hier junge Absenkung anzunehmen, die sich eventuell sogar noch talaufwärts ausgewirkt hat. Nicht ausgeschlossen ist, daß jüngere Absenkung talabwärts außerhalb des Blattgebietes dem Wörsbach zusätzliches Gefälle verschafft hat.

Was die Sicherung der Wasserversorgung der Bevölkerung des Blattgebietes anbetrifft, ist anzunehmen, daß nur eine begrenzte Gewinnung von Trinkwasser möglich sein dürfte, die - allgemein im Taunus und Hintertaunus - den heutigen quantitativen Ansprüchen nicht mehr genügt, und deshalb zusätzliche Wassermengen durch Fernversorgung bereitgestellt werden müssen.

Die Qualität des Grundwassers wird überwiegend als gut zu beurteilen sein. Das aus den Schiefern kommende Grundwasser ist von geringer Härte und nicht zu sauer. Es enthält viel Eisen, das bei Luftzutritt ausfallen kann. Dadurch treten beispielsweise bei Grundwasserabsenkungen Störungen durch Verkitten des Filters ein. In den Gebieten mit kalkhaltigen Lößdecken ist mit hartem Grundwasser ("Lößhärte") zu rechnen, weil die Sickerwässer im Löß Kalk aufnehmen und dem Grundwasser zuführen. Anthropogene Verunreinigungen sind besonders dann zu erwarten, wenn Siedlungen und Betriebe noch nicht an eine Kläranlage angeschlossen sind, oder wenn Deponien nicht ordnungsgemäß angelegt wurden. Das gilt insbesondere für Altlasten (vgl. dazu auch weiter unten bei "Deponien"). Starke Nitratbelastung werden die Grundwässer im Bereich der intensiv ackerbaulich genutzten Flächen aufweisen. So ist beispielsweise anzunehmen, daß der Nitratgehalt des Wassers in den Talbodenkiesen des Goldenen Grundes die zulässigen Grenzwerte überschreitet, eine Trinkwassernutzung also nur nach Beimischung von weniger belastetem Wasser erfolgen dürfte. Ähnliche Kontaminationen stellen sich gleichfalls dort ein, wo flachgründige Böden durch die Bodenerosion abgetragen wurden und nunmehr im groben durchlässigen Basisschutt geackert wird. Derartige "Grenzertragsböden" werden besonders kräftig gedüngt, und ein großer Teil der Nährstoffe gelangt - oft über den Interflow und über die Kiese der Talböden - ins Grundwasser. In diesem Zusammenhang sei auch auf die Runsensysteme hingewiesen, die als Folge anthropogen verstärkten Oberflächenabflusses in vielen Dellen eingerissen sind, etwa südöstlich Bad Camberg, südöstlich Würges, westlich Beuerbach und in der Umgebung von Wallrabenstein. Die Hohlformen folgen nicht selten tektonischen Störungen und stellen damit engen Kontakt zu Grundwasserspeicherräumen her. Stark stickstoffhaltige Kolluvien, die oft den Boden der Runsen bedecken, belasten für lange Zeit die Sickerwässer und den Interflow.

2.3 Boden

Der vorherrschende Boden auf den Tonschiefern des Rheinischen Schiefergebirges ist eine Braunerde aus lößlehmhaltigem Deckschutt und lößfreiem Basisschutt oder anstehendem, oberflächennah gelockertem Tonschiefer (Profil 14 in MÜCKENHAUSEN 1977). Entsprechende Böden bedecken auch, wie schon betont wurde, die steileren Hänge des Blattbereiches Idstein. Auf der Bodenkarte (FICKEL 1970) sind viele dieser Böden meines Erachtens irrtümlich als Parabraunerden dargestellt. Einen deutlich tonreicheren Unterboden besitzen diese Böden nicht (man vergleiche die Korngrößenanalysen bei FICKEL 1977:90, 91, 92, 94). Die Böden bestehen aus schluffigem, schwach bis mittel steinigem Lehm. Sie sind sauer und haben eine mittlere Basenversorgung (unter Wald). Die nutzbare Feldkapazität des im allgemeinen nur mittelgründigen Solums ist gering bis mittel (Einteilungen nach BODENKUNDLICHE KARTIERANLEITUNG 1982). Die natürliche Vegetation auf diesen Böden stellt der Hainsimsen-Buchenwald dar. Bei Beackerung wird der geringmächtige Deckschutt und mit ihm das Solum schnell erodiert, so daß an vielen Stellen heute im groben Schieferschutt gepflügt wird. Solche schon erwähnten "Grenzertragsböden" sollten aus ökonomischen und ökologischen Gründen nicht mehr beackert werden. Bei Aufforstungen müßte wegen der Windwurfgefahr von Flachwurzlern Abstand genommen werden. Selbst auf nicht erodierten Böden sind die (flachwurzelnden) Fichten stark windwurfgefährdet. Bei Buchenbeständen ist diese Gefahr geringer, da hier zumindest ein Teil der Wurzeln tiefergreift und dem Baum mehr Halt gibt. Außerdem bieten während der stärksten Stürme (im Herbst und im Winter) die Laubbäume weniger Luftwiderstand als Nadelbäume.

In Schutzlagen, also in Dellen und an Unterhängen, haben sich während der pleistozänen Kaltzeiten stark lößlehmhaltige Schuttdecken ("Mittelschutt") gebildet und unter dem Deckschutt erhalten. Hier sind zweischichtige Parabraunerden weit verbreitet, deren Unterboden aus zur Staunässe tendierendem tonig-steinigem Lehm besteht. Die Böden sind sauer und haben eine mittlere Basenversorgung. Diese wie auch die Bodenart werden jedoch von lößfremden Beimengungen beeinflußt. Reste tertiärer Verwitterungsdecken beispielsweise können den Tongehalt und die Pseudovergleyung verstärken, die Basenversorgung verschlechtern. Die nutzbare Feldkapazität dieser tiefgründigen Böden ist hoch. Als natürliche Vegetation sind frischer Buchenmischwald mit Edelhölzern und frischer Hainsimsen-Buchenwald anzusehen. Bei Fichtennutzung muß mit Windwurfgefährdung auf stärker staunassen Standorten gerechnet werden, da diese vor allem im Spätwinter oft wassergesättigt sind und dadurch die Scherfestigkeit des Bodens reduziert ist. Landwirtschaftliche Nutzung kann sowohl als Grünland wie auch als Ackerland erfolgen. Bodenerosion wirkt sich auf diesen Böden nicht nur abtragend, sondern in den Tiefenlinien hauptsächlich akkumulierend aus. Die Ansammlung des nährstoffreichen Materials hat oft wegen zu hohen Stickstoffgehaltes Lagergetreide zur Folge und damit Ertragseinbußen. Außerdem muß mit Verspülungsschäden gerechnet werden, weil in den Dellen und an Unterhängen der Oberflächenabfluß sich in Rinnen konzentriert.

Ähnliche Böden sind auch auf den Vallendarer Schottern südöstlich Bad Camberg und Würges zu vermuten. Außerhalb solcher Schutzlagen werden sandig-schluffige Braunerden aus Deckschutt über tonigem Kies anzutreffen sein. Die Böden sind stark sauer, basenarm und verfügen über mittlere nutzbare Feldkapazität. Sie eignen sich für Aufforstung mit Kiefern. Eine Nutzung mit anspruchsvolleren Ackerpflanzen wie Weizen oder Zuckerrüben ist nicht zweckmäßig. Ihre Erosionsgefährdung ist wegen des hohen Sand- und Kiesgehaltes gering.

Auf gut erhaltenen tertiären Verebnungsresten muß damit gerechnet werden, daß tonige Substrate im Untergrund die Tendenz zur Pseudovergleyung verstärken. Derartige Areale liegen beiderseits der Hohen Straße zwischen Emsbach- und Wörsbachtal.

Typische Löß-Parabraunerden darf man auf den weiten Westhängen des Emsbachtales von Bad Camberg bis südlich Walsdorf erwarten.

Allgemein sind Beckenlagen im Rheinischen Schiefergebirge mit ähnlichen hervorragenden Boden- und Klimaqualitäten ("Goldener Grund") schon durch neolithischen Ackerbau ausgezeichnet. Das darf ohne Einschränkung auch für unser Gebiet angenommen werden. Mit dem neolithischen Ackerbau begann aber auch bereits die Bodenerosion. Wenn auch unklar ist, ob die zur Diskussion stehenden Lößhänge seitdem ununterbrochen beackert wurden, so muß doch damit gerechnet werden, daß heute kaum noch Parabraunerden ohne Erosionsschäden vorkommen. Diese haben sicher an exponierten Stellen ein solches Ausmaß angenommen, daß der gesamte natürliche Boden abgetragen ist und nunmehr im Rohlöß geackert wird. Im Neolithikum waren die Böden wahrscheinlich noch Schwarzerden, erst später degradierten sie zu Parabraunerden.

Primär waren die basenreichen Parabraunerden sauer und hatten ein Solum von mindestens einem Meter Mächtigkeit, das im Oberboden aus lehmigen Schluff, im Unterboden aus tonigem Lehm bestand. Die nutzbare Feldkapazität war hoch. Als natürlicher Waldbestand kommt der Perlgras-Waldmeister-Buchenwald in Frage. Die durch Bodenerosion entstandenen Pararendzinen sind dagegen alkalisch, der Kalkgehalt reicht bis in den Ap-Horizont, die nutzbare Feldkapazität ist geringer. Das erodierte Material sammelt sich zu einem beträchtlichen Teil in den Dellen und stellt dort wegen seiner hervorragenden Nährstoffversorgung die besten Standorte dar. Allerdings muß auch hier wegen Stickstoffüberversorgung mit Lagergetreide und den damit verbundenen Ertragseinbußen gerechnet werden.

Ein anderer beträchtlicher Teil der erodierten Löß-Parabraunerden liegt in den Auen als braune Auenlehme. Es wurde schon erwähnt, daß hier wegen der Hochwassergefährdung nur Grünlandnutzung sinnvoll ist. Die Auenböden sind ansonsten ebenfalls sehr fruchtbar. Ihre Nutzung kann jedoch durch hohen Grundwasserstand eingeschränkt sein, wenn also Gleye statt Braune Auenböden vorliegen. Der hohe Grundwasserstand verringert die Trittfestigkeit und damit die Möglichkeit der Weidenutzung. An einigen Stellen sind Muster von Drainagegräben zu erkennen, so zum Beispiel an der Heckenmühle nördlich Idstein. Von großem Nachteil für die Nutzung der Auenböden ist auch die Bildung von Kaltluftseen und die Spätfrostgefahr in diesen tiefsten Arealen des gesamten Gebietes.

Bei der ökologischen Einschätzung der Bodenerosion bleibt zu berücksichtigen, daß die Ackerflächen früher auch große Teile der heutigen Waldflächen einnahmen. Natürlich kam es hier gleichfalls zu beträchtlichen Erosionsschäden, die bis heute erhalten blieben. Sehr oft wirkt sich das auf die Bonität der Waldbestände aus, insbesondere auch in bezug auf die Anfälligkeit gegenüber den sogenannten "neuartigen Waldschäden". Auf dem Kartenblatt finden sich an verschiedenen Stellen Hinweise auf mittelalterlich-frühneuzeitliche Wüstungsfluren, etwa durch die Gewannbezeichnung "-heck". Noch ältere Bodenschäden sind im Bereich der zahlreichen Hügelgräber ("Hünengräber") zu erwarten (zum Beispiel in der Nordwestecke des Blattes, im Nordosten am Dombacher Loch, im Südwesten am Walterloh) und im Bereich des römischen Limes (im Südosten).

Schließlich lassen sich die häufig unter Wald anzutreffenden Runsensysteme als Hinterlassenschaft früherer landwirtschaftlicher Nutzung werten, die mit kräftigem Oberflächenabfluß verbunden war und meist auch zu Bodenschäden führte. Solche Systeme, die auf der Karte nur exemplarisch dargestellt werden, liegen nördlich und südlich Beuerbach, südlich Wallrabenstein, östlich Bad Camberg und nördlich Esch. Sie entwickelten sich allgemein besonders gut, wenn unter einer dünnen Lößdecke tiefgründiger Gesteinszersatz ansteht. Sie waren jedoch auch durchaus auf den Hängen mit mächtigeren Lößdecken verbreitet, sind dort aber durch die jüngere Akkernutzung zu "Kulturdellen" umgewandelt worden. Eine entsprechende Entwicklung ist für die Tiefenlinien der Dellen südlich von Walsdorf bis Bad Camberg anzunehmen.

2.4 Baugrund

Den besten Baugrund im Bereich des Blattes Idstein bilden paläozoische Quarzite wie sie vermutlich am Steinkopf westlich Bad Camberg anstehen. Bei ihnen ist kaum mit Setzungserscheinungen zu rechnen, allenfalls dann, wenn oberflächennah die Verwitterung die Quarzite zu sandigem Schutt umgewandelt hat. Ansonsten führte die tertiäre Tiefenverwitterung, die beispielsweise die Stabilität der Tonschiefer deutlich herabsetzte, hier eher zu erhöhter Festigkeit, da die Kornzwischenräume häufig durch Eisen- und Kieselsäureausscheidungen zusätzlich verkittet wurden. Bei der Anlage von Böschungen ist zu beachten, daß die Trennflächen des stark zerklüfteten Gesteins nicht mit ungünstigem Winkel angeschnitten werden, wodurch Rutschungen ausgelöst werden können. Die Instabilität kann außerdem durch Tonschieferlagen in den Quarziten erhöht sein. Beides, Klüftung und Tonlagen, ermöglichen andererseits eine leichtere Bearbeitung des Quarzits durch Schurfgeräte. Sprengungen sind nur in Ausnahmefällen erforderlich.

Auch der Tonschiefer ist weitgehend setzungsunempfindlich. Das gilt natürlich nicht für stärker verwitterte Partien, die besonders an Störungszonen weit in die Tiefe reichen oder sogar hydrothermal verursacht sein können. Solche Gesteinspartien machen sich zusätzlich als undurchlässige Horizonte in Baugruben, an Straßenböschungen etc. unangenehm bemerkbar, weil über ihnen Wasser austritt. Unter den tonigen Substraten ist der Tonschiefer oft durch Druckentlastung oder pleistozänen Dauerfrost gelockert und durchlässig, so daß lokale Grundwasserstockwerke entstehen, die manchmal gespanntes Grundwasser enthalten. Auch hier ist beim Böschungsbau darauf zu achten, daß die Schieferung nicht "unterschnitten" wird. In einer solchen Situation fallen die Trennflächen zur Böschung hin ein, und es kommt zu Rutschungen. Die Tonschiefer lassen sich in der Regel ohne größere Probleme mit dem Bagger bearbeiten. Ausnahmen bilden exogene oder hydrothermale Vererzungen beziehungsweise Verkieselungen.

Die Vallendarer Schotter weisen wegen ihres höheren Porenvolumens und ihrer lokkeren Lagerung etwas geringere Setzungsstabilität auf, zumal des öfteren Tonlagen in ihnen vorkommen. Da sich hierüber lokales (schwebendes) Grundwasser bilden kann, treten zusätzliche Probleme beim Einschneiden von Böschungen oder Baugruben auf. Außerdem neigen Tonlagen und tonige Kiespartien zur Zerrunsung infolge kräftigen Oberflächenabflusses auf höheren Böschungen mit größerem Einzugsgebiet. Die Kiese sind im allgemeinen leicht zu bearbeiten, stellenweise trifft man in ihnen jedoch auch Vererzungen an.

Die pleistozänen Kiese gelten allgemein als guter Baugrund, durch sie wird aber nicht selten die Hangstabilität entscheidend geschwächt, weil sich in ihnen über dem Tonschiefer Grundwasser sammelt, das beim Anschneiden durch Baumaßnahmen austritt und Rutschungen verursacht. In den Talböden liegen die Kiese ohnehin nahezu vollständig unter der Grundwasseroberfläche. Der hangende Auenlehm ist wenig tragfähig, insbesondere dann, wenn überschüttete vermoorte Altläufe im Untergrund vorkommen. Eine Bebauung hat hier außerdem die Hochwassergefährdung zu beachten.

Lösse und vor allem Lößlehme sind setzungsempfindlich. Bei Vernässungen werden sie breiig und fließen an Böschungen etc. aus. Inhomogenitäten durch dichtere fossile Böden oder durchlässigere Schuttdecken verstärken die Instabilität. Das führt meistens dann zu größeren Schwierigkeiten, wenn die Tiefenlinien lößgefüllter Dellen angeschnitten werden, in denen sich nicht nur der Oberflächenabfluß, sondern auch der oberflächennahe Abfluß (Interflow) sammelt und Quellaustritte bewirken kann.

In der jüngsten Vergangenheit ist eine große Zahl von früheren Aufschlüssen mit Abfall, Erdaushub usw. verfüllt worden, ohne daß die genaue Lage und die Art des Inhalts solcher Deponien bekannt wäre. Solche Altlasten beeinträchtigen nicht selten eine spätere Bebauung und können zu Komplikationen führen. Vergleicht man die verschieden alten Ausgaben des Blattes Idstein, so findet man unschwer entsprechende Beispiele. Doch sind auf diesem Wege nicht sämtliche Altlasten zu erfassen. Immerhin ist die so gewonnene Übersicht in der Regel zuverlässiger als die in den amtlichen Altlastenkataster aufgeführte Zahl.

2.5 Lagerstätten

Die früher in den Aufschlüssen abgebauten Lagerstätten bestanden wahrscheinlich aus Steinen und Erden. Die geringe Größe der Gruben läßt darauf schließen, daß nur für den lokalen Bedarf gewonnen wurde. In Frage kommen dafür Tonschiefer für

Bruchmauersteine und Packlagen, teilweise vielleicht auch für Dachschiefer, sowie Quarzite für Forst- und Feldwegebau. Den letztgenannten Zweck erfüllen gleichfalls zu lockerem Sand verwitterte Quarzite und Vallendarer Schotter. Die Qualität der tertiären Kiese wird jedoch durch den oft hohen Tongehalt herabgesetzt. Die auf den älteren Ausgaben verzeichneten Ziegeleien Idstein und Bad Camberg nutzten sicher Löß, Lößlehm und den basal häufig vorkommenden tonigen Schieferzersatz. Es wurde schon erwähnt, daß bunte Partien des Schieferzersatzes auch als Farbstoff verwendet worden sein können (Aufschlüsse am Peters-Berg).

Nicht auszuschließen ist, daß stellenweise auch Erz gewonnen wurde. Im Rheinischen Schiefergebirge gibt es das sogenannte "Hunsrückerz", das an vielen Orten abgebaut wurde. Es entstand als Eisenanreicherungshorizont während der tiefgründigen Verwitterung im Tertiär. Besonders massive Krusten bildeten sich an Quarzgängen. Der Abbau erfolgte vielfach mit Hilfe von Stollen unter Tage (möglicherweise im Wallbach-Tal westlich Wörsdorf).

2.6 Deponien

Die Deponienutzung für Abfälle in den aufgelassenen Gruben darf im Tonschiefer als relativ ungefährlich angesehen werden. Er ist trotz intensiver Klüftung und Schieferung über weite Strecken nicht durchlässig, weshalb eine Kontamination wenig Wahrscheinlichkeit hat, ausgenommen selbstverständlich die Zonen jüngerer Tektonik, deren Lage und große Wasserwegsamkeit schon beim Thema "Grundwasser" abgehandelt wurde. Quarzite besitzen dagegen großes Porenvolumen und hohe Wasserwegsamkeit, in ihnen muß deshalb eine Abfalldeponierung unterbleiben, selbst wenn größere Grundwasserferne gesichert ist. Die Möglichkeit, daß insbesondere schwer abbaubare Schadstoffe trotzdem ins Grundwasser gelangen können, darf bei den durchlässigen Quarziten nicht ausgeschlossen werden. Mit hohen Kontaminationen ist vor allem dann zu rechnen, wenn geringmächtige Quarzite in tektonischer Muldenposition lokale Grundwasserbildung über Schiefer ermöglichen. Eine derartige Position erscheint im Falle des Steinkopfes westlich Bad Camberg gegeben. Ähnliche Probleme können sich einstellen, wenn in ehemaligen Ziegeleigruben Abfalldeponien eingerichtet und wasserwegsame Lagen zwischen Tonschiefer und Löß nicht abgedichtet werden.

Die Anlage von Hochdeponien ist auf tertiären Verebnungsresten mit dichtem tonigem Untergrund zu empfehlen. Es muß allerdings berücksichtigt werden, daß stellenweise der tonige Zersatz fehlen und darunter der Tonschiefer aufgelockert und damit wasserwegsam sein kann. Stellenweise bildet sich - wie schon erwähnt - hier Grundwasser, das in Quellen austritt und - wenn kontaminiert - die Oberflächenwässer verunreinigt. Werden Hochdeponien in Dellen und Talböden angelegt, so muß nicht nur ein dichter Untergrund gewährleistet sein, sondern ebenfalls auf die Gefahr erodierender Oberflächenabflüsse geachtet werden. Eine ähnliche Grundwassergefährdung wie durch Hochdeponien kann auch von Gewerbebetrieben und Siedlungen bei nicht sachgemäßer Entsorgung ausgehen.

Insgesamt läßt sich aus dem Kartenbild (Ausgabe 1984) ableiten, daß der Naturraum vergleichsweise gering belastet sein dürfte. Größere Industrieanlagen sind fast nur in Idstein und Bad Camberg zu finden. Die Besiedlungsdichte war bis ca. 1960 gering. Danach hat die bebaute oder als Bauland ausgewiesene Fläche in den Gemeinden (mit Ausnahme von Dasbach und Ehrenbach) kräftig zugenommen. Es dominieren Einfamilien- oder Doppelhäuser. Größere Wohnhäuser oder auch Reihenhäuser (zum Beispiel am Südrand von Idstein) sind die Ausnahme. Durch die umfangreiche Baulanderschließung hat die Flächenversiegelung enorm zugenommen. Die Folge sind verstärkter Oberflächenabfluß und Hochwassergefährdung, geringere Grundwassererneuerung. Vielfach wurden gerade die flachen langgestreckten ostexponierten Hänge mit sehr guten Lößböden als Neubaugebiete ausgewiesen, auf denen sich leicht größere Wassermassen sammeln (Wallrabenstein, Würges, Walsdorf, Wörsdorf). Westexponierte steilere und lößfreie Hänge sind selten bebaut (Ausnahmen: Osthang des Emsbachtales bei Würges, Gansberg östlich Idstein), da die Erschließung teurer wird. Die Bebauung solcher Hänge beeinflußt den Wasserhaushalt weniger, da der Untergrund schon unter natürlichen Bedingungen schlecht oder gar nicht durchlässig ist. Eine Ausnahme macht der Hang östlich Würges, unter dem Vallendarer Schotter vermutet werden. Hier verschlechtert die Bebauung die Grundwasserneubildung im Vergleich zu den Verhältnissen während der vorherigen Ackernutzung. Bei vorheriger Grünlandnutzung (das gilt auch für Streuobstwiesen) ist der Unterschied wahrscheinlich gering.

Ein großer Teil der Erwerbstätigen wird sicher nicht im Blattgebiet seine Arbeitsstätte finden, sondern nach Limburg oder ins Rhein-Main-Gebiet pendeln. Die Verkehrserschließung ist sehr gut. Neben der Autobahn A 3 und der Bahnlinie Limburg/Frankfurt a. M. bzw. Limburg/Wiesbaden durchziehen mehrere sehr gut ausgebaute Bundesstraßen die Landschaft. Der starke Pendlerverkehr führt besonders dort zur Belastung der Bewohner, wo Umgehungsstraßen fehlen (Würges, Esch). Der Parkstreifen westlich der Anschlußstelle Idstein könnte für Fahrgemeinschaften dienen.

Zum Berufspendlerverkehr fließt wahrscheinlich vorzugsweise an Wochenenden der

Strom der Naherholung Suchenden aus dem Rhein-Main-Gebiet entgegengesetzt, die in den großen Waldbeständen und in Höhenlagen mit einem "milden Reizklima" wandern oder aber anderen Freizeitsport betreiben, beispielsweise an den jüngst angelegten zahlreichen Teichen in den Talgründen angeln (Ausgabe 1984). Indessen darf nicht verkannt werden, daß die Teiche mit erheblichen Verdunstungsverlusten von Wasser verbunden sind und außerdem Ökotope bilden, die im krassen Gegensatz zur ursprünglichen Auenökologie stehen.

Auf den Ackerflächen zwischen Bad Camberg und Idstein liegen zahlreiche Aussiedlerhöfe, die mit ihren verschiedenen Grundrissen differierende Bauphasen widerspiegeln und anzeigen, daß die Landwirtschaft auf den hier verbreiteten Lößböden in der jüngeren Vergangenheit als lohnende Investition erschien. Mit dem intensiven Ackerbau bleiben starke Bodenerosion und Schadstoffbelastung von Oberflächen- und Grundwasser verbunden.

Literatur zu Kapitel 2

ANDERLE, H.-J. (1991): Erl. geol. Kt. Hessen 1:25 000, Bl. 5715 Idstein. - 2. Aufl.: 239 S.; Wiesbaden.

FICKEL, W. (1970): Erl. Bodenkt. Hessen 1:25 000, Bl. 5715 Idstein. - 108 S.; Wiesbaden.

MÜCKENHAUSEN, E. (1977): Entstehung, Eigenschaften und Systematik der Böden der Bundesrepublik Deutschland. - 2. Aufl., 300 S.; Frankfurt a. M.

SEMMEL, A. (1979): Geomorphologie als geowissenschaftliche Disziplin - praktische Erfahrungen, theoretische Möglichkeiten. - Stuttg. geogr. Stdn., **93**: 23-31; Stuttgart.

SEMMEL, A. (1985): Relief und Boden in der Bundesrepublik Deutschland. - Ber. dt. Landeskde., **59**: 145-160; Trier.

3 Blatt 5224 Eiterfeld

Die Landschaft des Blattes Eiterfeld gehört zum Fulda-Werra-Bergland, dessen Untergrund - wie sogar manchen Schulatlanten entnommen werden kann - aus triassischen Gesteinen besteht, also zum Deckgebirge gehört und damit die Voraussetzungen für die Entwicklung einer Schichtstufenlandschaft bietet. Auf den ersten Blick lassen sich Elemente erkennen, die einem solchen Landschaftstyp eigen sind. Einmal läuft eine Stufe vom Rechtswert 3552 im Norden zum Hochwert 5622 im Südwesten, zum anderen lassen sich stufenähnliche Teilstücke vom Ring-Berg im Nordosten über Fürsteneck und Eiterfeld bis Roßbach im Süden verfolgen. Zwischen diesen beiden bewaldeten Stufen liegt eine landwirtschaftlich genutzte, flach nach Südosten abfallende und nur wenig zertalte Hochfläche, die der "Landterrasse" zwischen den beiden Stufen entsprechen dürfte. Dieses Bild der "klassischen Schichtstufenlandschaft" stören das gelegentliche Aussetzen der östlichen Stufe, etwa zwischen Ring-Berg und Fürsteneck und in der Umgebung von Eiterfeld, sowie die stellenweise über die Stufen aufragenden Kegelberge. Im Westen handelt es sich um den Stoppels-Berg, im Südosten um den Lichter-, den Rückers-, den Appels- und den Wiesels-Berg.

Die Ursachen für das teilweise Aussetzen der östlichen Stufe sind nicht ohne weiteres abzuleiten. Es fällt auf, daß die Unterbrechungen etwa Südost/Nordwest orientiert sind, und daß diese Richtung im Blattbereich häufiger in den Talverläufen wiederkehrt, mithin wohl tektonische Ursachen hat (Beispiele: Tälchen östlich Mengers bis nördlich Wölf; Tälchen von Branders bis Reckrod; Eitratal unterhalb Buchenau; Petershain zwischen Giesenhain und Meisenbach; Haunetal zwischen Burghaun und Hohenwehrda). Ungefähr senkrecht zu dieser Richtung streichen nicht nur die Stufen variscisch, sondern sind auch viele andere (subsequente) Talrichtungen ausgebildet (Tal von Wölf bis Arzell; Tälchen südlich Leimbach; Tälchen südlich Körnbach; Steinbach; Höllengraben südlich Unterstoppel; Hahngrund südwestlich Roßbach; Tälchen zwischen Stendorf und Kirchhasel). Das partielle Fehlen der Schichtstufe fällt mit Stellen zusammen, wo sich die beiden Richtungen kreuzen, demnach könnte es tektonische Ursachen haben. Insgesamt äußert sich in dem beschriebenen Strukturmuster die saxonische Bruchschollentektonik.

3.1 Gestein

Als Gesteine im Untergrund kommt für die Kegelberge nur Basalt oder ein ähnliches vulkanisches Gestein in Betracht. Einmal findet man diese Gesteinsbezeichnung schon neben dem mit Festgesteins-Signatur versehenen Steinbruch auf dem Wiesels-Berg (Blattausgabe 1984), zum anderen gibt es in der mitteleuropäischen Trias kein Gestein, das ähnliche Formen bilden könnte. Anders verhält es sich mit den Riffstotzen im Malm der Schwäbisch-Fränkischen Alb. Die Anlage der Steinbrüche im höheren Hangbereich legt den Schluß nahe, daß die tieferen Hangteile aus weichem Gestein bestehen, in das der Basalt eingedrungen ist. Da nur runde Kuppen ausgebildet sind, scheint es sich nicht um originäre Vulkanformen mit Kratermulde zu handeln, sondern um intrudierte Basaltstiele, die wahrscheinlich nicht bis zur Oberfläche aufgedrungen waren. Als bekannt darf außerdem vorausgesetzt werden, daß in diesem Gebiet kein quartärer Vulkanismus mit entsprechend jungen Formen vorkommt, sondern daß diese Ausläufer der Kuppen-Rhön weit ins Tertiär zurück zu datieren sind. Die Kegelberge stellen somit herauspräparierte Härtlinge dar.

Als Stufenbildner im östlichen Teil des Blattes kommt nur der Muschelkalk in Frage. Westlich des Wiesels-Berges ist ein Kalkwerk eingetragen. Als weiteres Anzeichen für Kalkstein als Untergrund können die vielen Trockentälchen gewertet werden, es gibt keine wasserführende obsequente Hohlform. Der östliche Quellast der Eitra am Herren-Berg südlich Leimbach setzt unvermittelt im Boden eines Trockentales ein, was ein Hinweis auf eine Karstquelle sein dürfte. Ein besonders schönes, für Kalkstein charakteristisches Trockental könnte das Pfaffental östlich Eiterfeld darstellen. Seine Steilwandigkeit sollte nicht primär auf Steinbruchnutzung zurückzuführen sein. Eine solche wäre in der mit Löß verkleideten Hohlform ungünstig gewesen. Steinbrüche wurden in der Regel nicht in Dellen, sondern an exponierten Hängen ohne Deckschichten angelegt, wie etwa die Grube unmittelbar südlich des Pfaffentales. Nicht auszuschließen ist natürlich, daß an den steilen Hängen sekundär partiell Kalkstein gebrochen wurde. Im wesentlichen sind die Trockentälchen aber als pleistozäne Reliktformen zu erklären, die entstanden, weil der unterirdische Abfluß durch Permafrost blockiert war. Leider sind andere typische Karstformen wie Dolinen oder ähnliches auf dem Blatt nicht eingetragen.

Als Argument gegen Kalkstein im Untergrund im Gebiet oberhalb der östlichen Stufe ließen sich vergrünlandete Talanfänge wie beispielsweise westlich Malges anführen. Als Trockenrasen, der vielleicht auf exponierten Stellen über Kalkstein anzutreffen ist, läßt sich dieses Vorkommen wegen seiner Mulden- und deshalb feuchten Lage nicht deuten. Wahrscheinlich tritt hier der stauende Mergel des Mittleren Muschelkalks zutage. Duch die Ausräumung dieses weichen Substrates läßt sich die Verflachung oberhalb der östlichen Stufe erklären. Auch diese "Landterrasse" dacht nach Südosten ab. Das ist sehr gut in der Umgebung des schon erwähnten Kalkwerkes westlich des Wiesels-Berges zu erkennen, wo die West/Ost verlaufende Straße von 429,5 über 419,4 auf 415 m NN abfällt. Über der Landterrasse müßte eigentlich die Stufe des harten Oberen Muschelkalks ausgebildet sein. Sie ist vom Kartenbild her nicht eindeutig zu identifizieren. Allenfalls im Anstieg vom Wittfeld zum Großen Melm östlich Eiterfeld läßt sie sich vermuten.

Die rundliche, schwach zerdellte Form der Basalt-Kegelberge mit den recht gleichmäßig geneigten Hängen erlaubt die Annahme, daß hier nicht unmittelbar Basalt den Untergrund bildet, sondern ein weiches Gestein, das sich im Schutz des Basaltkerns erhalten hat. Da dieses Gestein über dem Oberen Muschelkalk liegt, wird es sich um den Unteren Keuper handeln, der viel Tonstein enthält. Von daher ist auch die Grünlandnutzung zum Beispiel auf dem Nordhang des Wiesels-Berges südlich Malges verständlich, wie überhaupt die weite Verbreitung von Grünland zwischen den Kegelbergen das Vorherrschen staunasser Böden auf tonigen Keupergesteinen erklären kann.

Aus den vorstehenden Ausführungen wird ersichtlich, daß die östliche Stufe aus Unterem Muschelkalk besteht. Dieses Gestein bildet im Fulda-Werra-Bergland, wie überhaupt in den benachbarten Mittelgebirgen, eine exzellente Schichtstufe. Unterhalb von ihr muß das Röt liegen. Einen Hinweis auf dieses rote und sehr weiche Gestein geben auf unserem Kartenblatt die Bezeichnung "Roter Berg" östlich Steinbach und "Röt" nordwestlich Eiterfeld. Die Ortsnamen Betzenrod, Reckrod und Dittlofrod sind möglicherweise von Rodung (im Mittelalter) abzuleiten, nicht zu übersehen ist indessen, daß die drei Orte sämtlich im Rötgebiet, also im Bereich roten Gesteins liegen. Die Weichheit des Gesteins läßt sich im stufennahen Bereich durch die kräftige Zerdellung sowie die Vielzahl perennierender Gerinne nachweisen. Verbreitete Grünlandnutzung und die Zerrunsung etwas steilerer Hänge (südwestlich und westlich Leimbach sowie nördlich Wölf) sind als weitere Indizien für weichen tonigen Untergrund anzuführen.

Vom Roten Berg östlich Steinbach ist nach Norden über das Brandersholz bis zum Pkt. 356,7 eine kleine Stufe zu verfolgen, vor (westlich) der eine subsequente Delle mit Wasserlauf liegt. Von Pkt. 356,7 biegt die Stufe nach Nordosten bis zum Pkt. 342,3 nordöstlich Körnbach ab. Auch hier begleitet die Stufe eine Subsequenz-Delle. Mit Sicherheit darf angenommen werden, daß die Stufe durch den im weichen Röt liegenden harten, jedoch sehr geringmächtigen Rötquarzit verursacht wird. Seine Auswirkungen sind wohl auch noch in den kleinen Geländevorsprüngen südöstlich Reckrod bei 320 m NN und westlich des Ring-Berges bei 370 m NN zu erkennen.

Das Gelände vor dieser Stufe wird nicht mehr von Subsequenz-Dellen, sondern von resequenten Hohlformen überzogen. Diese sind allerdings meist nur wenig eingetieft, wie überhaupt der Grad der Zerdellung deutlich gegenüber dem südöstlich anschließenden Gebiet abnimmt. Das gilt vor allem für das Gelände zwischen Steinbach und Dittlofrod. Hier dürfte die Oberfläche nahe der Rötbasis verlaufen oder weitgehend mit dieser übereinstimmen. Unter dem Röt folgt der morphologisch außerordentlich harte Chirotherien-Sandstein. Die Gerinne passen sich dem Einfallen der Schichten an. Daß dennoch auf dem Sandstein vorwiegend Ackernutzung erfolgt, hängt sicher damit zusammen, daß in dieser ausgesprochenen Leeposition eine dünne Decke von Lößlehm verbreitet ist, worauf auch die Bezeichnung "Melm" hinweist. Die Härte des Sandsteins, dessen Liegendes mit dem Solling-Sandstein ein weiteres hartes Gestein bildet, wird auch durch die in ihn mit scharfen Hangkanten eingetieften Täler der Haune, des Stein-Baches und des Ilmes-Baches deutlich. Chirotherien- und Solling-Sandstein bilden demnach die westliche Stufe.

Der Mantel des über diese Stufe aufragenden Stoppels-Berg wird im Unterschied zu den im Südosten liegenden Kegelbergen also nicht aus Keuper, sondern aus Röt bestehen. Der Steinbruch an seinem Gipfel muß im Basalt angelegt sein.

Mit dem Chirotherien-Sandstein ist der Mittlere Buntsandstein erreicht (in den Erläuterungen zur Geologischen Karte Blatt Eiterfeld werden der damaligen stratigraphischen Gliederung folgend der Chirotherien- und der Solling-Sandstein bereits zum Oberen Buntsandstein gezählt). Der Mittlere Buntsandstein gliedert sich bekanntlich in vier Folgen, von denen die drei älteren jeweils in eine Sandstein- und in eine Wechselfolge von Ton-, Schluff- und Sandstein unterteilt werden können. Trotz dieser Differenzierung fällt der hohe Stufenhang zum Haunetal recht gleichmäßig ab. Nur auf manchen Rücken sieht man Verflachungen, die das Ausbeißen einer härteren Sandsteinschicht anzeigen (beispielsweise südlich Langestein bei Unterstoppel in ca. 320 m NN; im Roten Bühl östlich Meisenbach zwischen 380 und 400 m NN). Ähnliches gilt auch für den Untergrund nordwestlich der Stufe und des Haunetales, nur muß hier beachtet werden, daß ab ca. 300 m NN ältere pleistozäne Terrassen der Haune Hangverflachungen bilden können. Das kommt zum Beispiel für Niveaus nördlich Burghaun (östlich der Vockenmühle), auf dem Kehls-Berg südwestlich Müsenbach und südlich Odensachsen in Frage.

Pleistozäne Kiese bilden auch den Untergrund des Talbodens der Haune und der Eitra. In der Regel handelt es sich um jungpleistozäne Kiese der Niederterrasse, die von holozänem Auenlehm überlagert werden. Es muß jedoch auch mit dem Vorkommen älterer Kiese gerechnet werden. Insbesondere das Haunetal weist sehr unterschiedliche Breiten des Talbodens auf. Bereits bei Rothenkirchen tritt eine deutliche Erweiterung auf, die sich mit nur geringem Anstieg buchtartig in die Oberländer

Wiesen fortsetzt. Südlich von Rhina setzt dann eine erneute drastische Verbreiterung des Talbodens ein. Die Verbreiterungen sind mit einem Abflachen der Hänge und deren ackerbaulicher Nutzung verbunden. Außerhalb der Aue ist im äußersten Südwesten sogar ein größeres Niedermoor zu finden, ebenso südlich Wehrda. Solche Erscheinungen können außerhalb von Glaziallandschaften und Deflationsreliefs nur durch junge Absenkung bedingt sein. Die oft kesselartigen Formen zeigen Einbrüche infolge Gesteinslösung im Untergrund an. Im Fulda-Werra-Bergland kommt dafür hauptsächlich die Subrosion im Zechsteinsalz in Frage, das unter dem Buntsandstein liegt. Der "Salzbrunnen" nördlich Rothenkirchen zeigt die rezente Lösung im Untergrund an. Auf das Vorkommen von Salz nimmt wohl auch die Bezeichnung "Salz-Berg" nördlich der Salzquelle Bezug.

Auch die Weitungen der Hauneaue hängen teilweise mit Subrosionssenken zusammen. Zwar sind keine jungen Vermoorungen in der Aue zu erkennen, aber die kesselartigen Ausbuchtungen findet man an vielen Stellen. Sie fallen meist mit auffallend breiten Mündungstrichtern von Nebenbächen zusammen (Beispiele: Rothenkirchen; Rhina; Neukirchen; Müsenbach und Meisenbach). Da die Hauneaue an manchen Stellen mit deutlicher Kante solche Mündungstrichter schneidet (Beispiel nordwestlich Neukirchen), ist anzunehmen, daß in jüngerer Zeit hier keine nennenswerte Auslaugung mehr stattfand. Die Weitungen, die durch das Absinken und Einfallen des Buntsandsteins in die Senken entstanden, sind also in diesen Fällen älter. In ihnen müssen auch Kiese älterer Haune-Terrassen liegen, die mitabgesunken sind.

Die auffallende Verbreiterung der Talaue flußabwärts ab Neukirchen kann auch durch das Vorherrschen weichen Gesteins in den Talhängen beeinflußt sein. Daß ein solches ansteht, zeigen verschiedene Hohlwege beiderseits des Tales an. Sie sind auch am Osthang zu finden, auf dem in der Regel kein mächtigerer Löß verbreitet ist, in dem ähnliche Hohlformen ebenfalls ausgebildet sein können. Schließlich spricht die Ackernutzung dieser westexponierten Hänge gleichfalls für Böden, die aus weichem Gestein hervorgegangen sind. So läßt sich die Auenverbreiterung als Auswirkung von weichem Gestein und Subrosionssenken erklären.

In die Senken sind oft Gesteine abgesunken und dort erhalten geblieben, die in der Umgebung bereits vollständig abgetragen wurden. Ruht die Auslaugung seit längerem, so sammelten sich in den Senken große Mengen von Schutt und Löß. Damit ist beispielsweise im Hurasweiher nordwestlich Steinbach zu rechnen. Seine Form zeigt die typischen Merkmale einer weitgehend aufgefüllten Subrosionssenke. Diese ist zwar an das Gewässernetz angeschlossen, also drainiert, dennoch verengt sich die Form deutlich talabwärts. Als weitere Beispiele dieses Formentyps seien angeführt:

das Gebiet zwischen Melmdelle und Brandersholz nordöstlich Steinbach; das Gelände südlich Arzell und Eiterfeld; Im Wittig östlich Fürsteneck. Die Formen sind meist etwas gestreckt und folgen dabei wohl in der Regel tektonischen Störungen. Deren große Wasserwegsamkeit ist die Ursache für das lokale Eindringen des Grundwassers in das liegende Salz. Solche lokal begrenzten Auslaugungen werden als "irregulär" bezeichnet. Die durch sie bedingten Schichtverstellungen sind vielfach die Ursache für das Aussetzen der Schichtstufen, so wahrscheinlich südlich Eiterfeld und zwischen Wölf und Oberweisenborn. Neben den großen Formen der Auslaugung gibt es kleinere Erdfälle, die teilweise auf der Karte dargestellt sind, deren Genese aber nicht zweifelsfrei aus dem Kartenbild abzuleiten ist. Es handelt sich dabei um die langgestreckte Hohlform auf der Wildkaute westlich Steinbach und um eine kleine Grube am Rande des Wehrdaer Moores südlich der Försterei Buchenborn. Beide Formen könnten dem Kartenbild nach auch künstliche Gruben darstellen.

Schuttdecken und Lösse sind selbstverständlich nicht auf die Subrosionssenken beschränkt. Die periglazialen Solifluktionsschutte bedecken allgemein das Festgestein. Sie bilden das Liegende des Lösses, verzahnen sich mit diesem stellenweise und überziehen ihn oft als "Deckschutt". Wegen der großen Meereshöhe des Kartengebietes ist kaum mit kalkhaltigem Löß zu rechnen, sondern nur mit Lößlehm. Die steinfreien Vorkommen werden sich auf Unterhänge, Dellen und andere Leelagen beschränken. Als jüngstes Sediment ist neben dem Auenlehm in den Talböden an Unterhängen und in Dellen anthropogenes Kolluvium zu finden.

3.2 Wasserhaushalt

Der Wasserhaushalt des Blattgebietes wird sicher klimatisch differenziert durch die Unterschiede in Temperatur und Niederschlag zwischen dem tiefliegenden Gebiet im Nordwesten und dem übrigen höheren Gelände. Allerdings sollte sich im relativ niedrigen Bereich auf der Landterrasse vor der Muschelkalkstufe ein gewisser Lee-Effekt gegenüber den Niederschlag bringenden Westwinden bemerkbar machen. Die Gebiete mit höheren Niederschlägen sind zu einem großen Teil bewaldet. Größere Mengen des Niederschlags werden also nicht den Boden und schon gar nicht das Grundwasser erreichen, zumal der vorherrschende Nadelwald auch im Winter die Versickerung mindert. Die hochwasserdämpfende Funktion des Waldes ist sicher beachtlich, sind doch gerade die stärker geneigten Hänge bewaldet.

Die Böden und der oberflächennahe Untergrund verhalten sich gegenüber dem Oberflächenabfluß, dem Interflow und der Versickerung sehr unterschiedlich. Unter natürlichen Bedingungen war auf den meisten Hängen ein Deckschutt ausgebildet, dessen Durchlässigkeit durch die Korngröße des in ihm aufgearbeiteten Gesteins und durch Lößlehmbeimengungen bestimmt wurde. Auf den Basalt-Kegelbergen, die wegen ihrer steilen Hangneigung nie beackert wurden, muß mit überwiegend zweischichtigen Profilen gerechnet werden. Der lößlehmhaltige Deckschutt wird erfahrungsgemäß hier von einem dichten Basisschutt unterlagert, dessen Basaltbrocken in einer tonigen Matrix des verlagerten Materials schwimmen, das aus den liegenden Röt- oder Keupergesteinen des Mantels der Kegelberge stammt. Unter solchen Hängen kommt es wohl nur zu geringer Grundwasserneubildung. Lediglich auf den höchsten Kuppen können die tonigen Fließerden fehlen und grobe Basaltschutte die Wasserwegsamkeit verbessern. Auf den Keupergesteinen außerhalb der Basaltkegel herrschen sehr wahrscheinlich un- oder sehr gering durchlässige Böden vor.

Gut durchlässige Böden sind auf den Kalksteinen des Muschelkalks in Form von flachgründigen Rendzinen zu erwarten. Hier ergeben sich die besten Bedingungen für die quantitative Regenerierung des Grundwassers. Eine Ausnahme machen natürlich die tonreichen Mergel des Mittleren Muschelkalks.

Schlechte Versickerungsmöglichkeiten bestehen auf den in der Regel beackerten tonigen Rötgesteinen, die meist nur sehr geringmächtige lößlehmhaltige Fließerden getragen haben. Sie wurden allgemein durch die Bodenerosion entfernt, so daß heute lößfreie tonige Fließerden oder die Röttone direkt den oberflächennahen Untergrund bilden, wodurch der Oberflächenabfluß massiv gefördert wird. Etwas günstigere Verhältnisse sind allenfalls auf den steinreicheren und durchlässigeren Rötquarziten zu erwarten. Reste von Röttonen können auch Abfluß und Versickerung auf großen Teilen des nach Südosten abdachenden westlichen Bereiches der Landterrasse beeinflussen, also etwa im Gebiet von Steinbach, Oberstoppel, Dittlofrod und Körnbach. Wie überall in vergleichbaren Positionen sollten sich hier und in den Senken aber auch vielfach Decken von Lößlehmen erhalten haben, die ebenfalls stark stauen.

Die nordwestlich der Landterrasse anschließenden stärker reliefierten Gebiete weisen wohl überwiegend Böden und oberflächennahen Untergrund mit größerer Durchlässigkeit auf. Generell muß auf den Hängen eine Schuttdecke liegen, die aus lößlehmhaltigem Deckschutt und lößlehmfreiem Basisschutt besteht. In Dellen und an Unterhängen ist der stark lößlehmhaltige Mittelschutt zwischen beiden zu erwarten, dessen Durchlässigkeit als gering gelten kann. Diese wechselt dagegen im Basisschutt, denn dieser ist stark vom anstehenden Festgestein beeinflußt, über oder bei hangaufwärts ausbeißendem Sandstein herrscht die sandige Komponente und damit große Durchlässigkeit vor, bei tonigen Gesteinen der Wechselfolge ist das Gegenteil der Fall. Gravierend macht sich die größere Fließfähigkeit toniger Schuttdecken bemerkbar, die dazu führt, daß manche Hänge vollkommen von tonigen Fließerden überzogen sind, obwohl im Untergrund Sandsteine anstehen. Nur wo Sandstein deutliche Kanten bildet, fehlen in der Regel solche Fließerden.

Was die Speicherfähigkeit des eigentlichen Untergrundes anbetrifft, so darf man die kluftreichen Basaltgesteine als vorzügliche Wasserspeicher ansehen. Da es sich im Falle von Blatt Eiterfeld um ausnahmslos kleinvolumige Vorkommen handelt, kann nicht mit größeren Mengen nutzbaren Grundwassers gerechnet werden. Manchmal kommt es zu Quellaustritten an den Hängen der Kegelberge dort, wo Basalt oder Schutt an undurchlässiges Mantelgestein grenzen.

Die Keupergesteine des Blattgebietes müßten, da sie unmittelbar auf den Oberen Muschelkalk folgen, dem Unteren Keuper zuzurechnen und demzufolge vorwiegend tonig-schluffig (Lettenkeuper) und damit wenig speicherfähig sein. Der Schluß auf weiches Gestein wurde schon aus dem Relief abgeleitet.

Der Obere und der Untere Muschelkalk sind stark geklüftet, vielleicht auch stellenweise verkarstet, so daß ohne Zweifel reichlich Speichervolumen besteht. Dieses fehlt dagegen den Mergeln des Mittleren Muschelkalks.

In den Röttonsteinen ist keine nennenswerte Grundwasserspeicherung möglich. Sie fallen für Grundwassergewinnung praktisch aus. Ähnliches gilt auch für die Schluff- und Tonsteine des Mittleren Buntsandsteins. Hohes Porenvolumen besitzen hingegen die Sandsteinfolgen. In ihnen darf mit größeren Grundwassermengen gerechnet werden.

Das Hohlraumvolumen und die Wasserwegsamkeit der vorstehend aufgeführten Festgesteine werden erheblich in tektonischen Störungen vergrößert. In Dellen und Tälern, die solchen Zonen folgen, treten nicht selten Quellen aus. Wasser aus Störungen könnte beispielsweise südlich Leibolz (P.W.) und nördlich Roßbach (Br.St.) gewonnen werden. In ähnlicher Weise bieten sich auch die intensiv pseudotektonisch zerklüfteten Gesteine in der Umgebung von Salzauslaugungssenken für Wasserspeicherung und -erschließung an, zum Beispiel am Moorschen Grund und südlich Wehrda im Südwesten des Blattes.

Über hohes Porenvolumen verfügen die pleistozänen Kiese. Größere Ausdehnung hat aber nur die Niederterrasse im Haunetal, und selbst hier wird die gewinnbare Grundwassermenge begrenzt durch die nur wenige Meter mächtigen Kiese. Allerdings muß dabei beachtet werden, daß Mächtigkeit und Speicherkapazität in Salzauslaugungssenken unter dem Talboden enorm zunehmen können. Deswegen darf selbst in kleineren Tälern wie etwa dem Eitratal nicht ausgeschlossen werden, daß lokal größere Grundwasserreserven bestehen.

Insgesamt gesehen sollten die gewinnbaren Wassermengen ausreichen, die zahlenmäßig geringe Bevölkerung des Blattgebietes zu versorgen.

Die Qualität des Grundwassers wird starken Schwankungen unterliegen. Während in den Basalten mit weichem Wasser zu rechnen ist, besitzen die Wässer im Muschelkalk zweifellos große Karbonathärte. Da hier größere Flächen ackerbaulich genutzt werden, muß eine Nitratkontamination des Grundwassers angenommen werden. Nicht selten sind auch mit Abfall verfüllte Hohlformen im Muschelkalkgebiet die Ursache von Grundwasserverschmutzungen. Die geringen Grundwassermengen im Röt weisen wahrscheinlich beträchtliche Karbonat- (im oberen Röt) oder Sulfathärte (im unteren Röt) auf. Die Grundwässer im Mittleren Buntsandstein sind allgemein weich, vor allem unterhalb alter Landoberflächen, die noch der intensiven chemischen Verwitterung im Tertiär ausgesetzt waren. Als solche Reliefteile dürfen die westlichen hochgelegenen Bereiche der Landterrasse auf dem Buntsandstein angesehen werden. Bei landwirtschaftlicher Nutzung, die allerdings hier deutlich gegenüber der forstlichen zurücktritt, kann es jedoch auf den Sandsteinen wegen der hier besonders erforderlichen kräftigen Düngung (sehr nährstoffarme Böden) zu Kontaminationen kommen.

Wenn Wasser aus den Niederterrassen genutzt wird, ist auf die Gefahr der Einmischung von belastetem Uferfiltrat zu achten, ebenso auf die Gefährdung der Brunnen durch Hochwässer. Schließlich darf ein Hinweis auf die im Zechstein vorhandenen und an Störungen auch in die hangenden Gesteine aufsteigenden Salzwässer nicht fehlen, die insbesondere mit tieferen Brunnen erreicht werden können.

3.3 Boden

Die Eigenschaften der Böden des Blattgebietes sind weitgehend von den verschiedenen Gesteinen geprägt. Das darf nicht darüber hinwegtäuschen, daß die Böden meist nicht direkt aus den anstehenden Festgesteinen hervorgingen, sondern vielmehr aus den auch hier allgemein verbreiteten und bereits abgehandelten periglazialen Schutten. So sind denn Ranker aus Basalt wahrscheinlich kaum oder allenfalls in der unmittelbaren Nachbarschaft direkt zutagetretenden Festgesteins (Felsklippen) anzutreffen. Statt dessen herrschen auf Basalt-Kegelbergen Parabraunerden oder Parabraunerde-Pelosole vor, die aus Deckschutt über Mittelschutt und/oder Basisschutt entstanden. Sie sind, gleichgültig ob ihr Unterboden aus dem stark lößlehmhaltigen Mittelschutt oder aus dem lößfreien Basisschutt gebildet wurde, tiefgründig und nährstoffreich, da die Schutte locker sind und neben basenreichem Basaltverwitterungssubstrat sehr viel Keuper- oder Rötmaterial enthalten, was ebenfalls primär basenreich ist. Wegen des tonigen Unterbodens darf mit einer hohen Feldkapazität gerechnet werden. Auf flacheren Partien tendieren die Böden wahrscheinlich zur Staunässe. Natürlicher Waldbestand dürfte der Waldmeister-Buchen-Mischwald sein. Wegen der Zweischichtigkeit der Böden und der Pseudovergleyung kann im Zusammenhang mit exponierten Lagen und witterungsbedingter starker Durchfeuchtung, die die Scherfestigkeit des Bodensubstrates mindert, Gefährdung gegenüber Windwurf gegeben sein. Für Ackernutzung kommen die Böden wegen der großen Hangneigung und dem hohen Steingehalt (insbesondere mächtige Basaltblöcke) nicht in Frage. Grünlandnutzung ist möglich.

In der Umgebung der Kegelberge im Südosten des Blattes sind auf flacherem Gelände wahrscheinlich Pseudogleye auf den tonigen Keupergesteinen entwickelt. Dafür spricht auch die überwiegende Grünlandnutzung in diesem Bereich. Ackernutzung ist wohl nur bei intensiver Dränung möglich. Unabhängig davon erschwert der hohe Tongehalt der Böden die Beackerung und die Erwärmung im Frühjahr.

Auf den Kalksteinen des Oberen und des Unteren Muschelkalks kommen in den deutschen Mittelgebirgen verbreitet flach- bis allenfalls mittelgründige Rendzinen vor. Die Frage, ob auf diesen Gesteinen bereits primär keine Schuttdecken ausgebildet waren, oder ob diese durch Lösung im Holozän total aufgezehrt wurden, ist noch ungeklärt. Jedenfalls haben sich während des Holozäns stellenweise keine mächtigeren Böden auf den Kalken entwickelt. An anderen Orten mögen sie durch Bodenerosion abgetragen worden sein. Die Rendzinen sind nährstoffreich, haben aber nur geringe nutzbare Feldkapazität und gelten wegen ihrer Trockenheit und Flachgründigkeit als landwirtschaftlich schlechte Standorte. Ihr natürlicher Waldbestand ist wohl der typische Kalk-Buchenwald.

Die Mergel des Mittleren Muschelkalks tragen Pararendzinen, deren Beackerung vor allem durch den hohen Tongehalt problematisch ist. Es handelt sich um typische "Minutenböden", die nur sehr kurzfristig beackert werden können, weil sie entweder zu trocken und damit zu hart oder zu naß und damit "verschmierbar" sind. Sie sollten für Grünland reserviert bleiben. Der dichte Mergelboden bereitet auch einer ertragsorientierten forstlichen Nutzung Schwierigkeiten.

Die Bodenqualitäten im Muschelkalkgebiet werden entscheidend dort verbessert, wo sich auf flachen ostexponierten Hängen Lößlehm erhalten haben. Hier ist eine tiefgründige Terra fusca-Parabraunerde anzutreffen, deren unterer Teil aus Kalksteinbraunlehm besteht. Die Nährstoffversorgung und die nutzbare Feldkapazität sind hoch und somit diese Böden, die allerdings nur kleinflächig vorkommen, die besten ackerbaulichen Standorte des Blattgebietes mit der Möglichkeit zum Weizenanbau. Natürliche Vegetation ist auch hier wohl überwiegend der Kalk-Buchenwald, wegen deutlich besserer Wasserversorgung gegenüber den Kalkstein-Rendzinen als "frisch" zu bezeichnen. Mit dem Vorkommen solcher Terra fusca-Parabraunerden kann beispielsweise auf den Westhängen der asymmetrischen Tälchen nördlich (Schäfergrund) und nordwestlich Malges gerechnet werden. Die Bodenqualität verschlechtert sich, wenn die Bodenerosion den Lößlehm bereits abgetragen hat und nunmehr im sehr tonigen Kalksteinbraunlehm geackert wird.

Im Gebiet der Rötgesteine sind ähnlich wie auf den Keupertonen Pseudogleye und Parabraunerde-Pelosole zu erwarten. Letztere kommen in den besser drainierten, also intensiver reliefierten Arealen vor, nämlich dort, wo die Röttone im Vorland der Muschelkalkstufe noch in größerer Mächtigkeit erhalten sind und deshalb tiefere Hohlformen entstanden als dort, wo in größerer Entfernung von der Muschelkalkstufe der harte Chirotherien-Sandstein bereits dicht unter der heutigen Oberfläche liegt. In unserem Gebiet fällt die Grenze zwischen beiden Bereichen mit der kleinen Stufe zusammen, die der Rötquarzit bildet und an der sich zugleich die Hohlformen nicht mehr subsequent, sondern resequent orientieren. Die Parabraunerde-Pelosole tendieren gleichfalls zur Pseudovergleyung. Auf der Bodenkarte (SEMMEL 1966) wurden sie, da der Bodentyp "Pelosol" seinerzeit noch nicht eingeführt war, noch als Pseudogley-Parabraunerden bezeichnet. Da diese Böden nur ein 30 bis 60 cm mächtiges lößlehmhaltiges Decksediment (Fließerde) aufweisen, tritt bei Ackernutzung infolge der Bodenerosion der (meist umgelagerte) Rötton zutage. Damit verschlechtert sich die Beackerbarkeit deutlich, denn nunmehr liegen auch hier ganz typische "Minutenböden" vor, deren Eigenschaften schon oben beschrieben wurden. Trotzdem wird das gesamte Rötareal bevorzugt ackerbaulich genutzt, die Nachteile der "Minutenböden" müssen sich im Vergleich zu den Eigenschaften anderer Buntsandsteinböden als weniger bedeutsam erweisen. Ganz abgesehen davon, daß diese Böden wegen ihres dichten tonigen Unterbodens auch schlechte Forststandorte sind, spielt für die Ackernutzung sicher eine große Rolle, daß jede subsequente Delle hier einen flachen ostexponierten Hang hat, der etwas mächtigeren Lößlehm trägt. In diesem sind Pseudogleye entwickelt, die trotz ihrer Staunässe allgemein besser zu bearbeiten und ertragreicher sind als die Rötböden.

Auf dem reliefarmen Teil der Landterrasse vor der Rötquarzitstufe kommen hauptsächlich Pseudogleye vor, weil einmal auch hier in typischer Leelage viel Lößlehm erhalten ist, zum anderen aber auch Rötton in dünnen Restdecken vorliegt. Natürlicher oder naturnaher Waldbestand ist auf den Lößlehm-Pseudogleyen der Hainsimsen-Buchen-Eichen-Mischwald. Forstwirtschaftlich sind die besten Erträge mit Fichte zu erzielen. In Dellen kann die Vernässung so stark werden, daß nur noch Grünlandnutzung möglich ist. Die geradlinig verlaufenden Wassergräben (zwischen Steinbach und Dittlofrod) zeigen die künstliche Dränung an. Diese wird unter Umständen Probleme haben, immer das notwendige Gefälle zu erreichen, weil manchmal in den Dellen der Chirotherien-Sandstein angeschnitten werden könnte, der oft nur durch Sprengungen zu beseitigen ist. Im Wald zwischen Oberstoppel und Dittlofrod sind Wasser- und Naßstellen eingetragen, hier könnte es sich um extrem vernäßte Dellenanfänge handeln, die Molkenböden (Stagnogleye) aufweisen. Ähnliche Auswirkungen wie der Rötton können auch Tonsteinlagen zwischen Chirotherien- und Solling-Sandstein haben, die wahrscheinlich im nordwestlichen Teil der Landterrasse, die ja keine strenge Schichtfläche, sondern eine Schnittfläche ist, zutagetreten.

Am westlichen Rand der Buntsandstein-Landterrasse sind die harten Sandsteine besonders exponiert. An solchen Stellen fehlt Lößlehm in den Böden weitgehend, und es muß damit gerechnet werden, daß das saure und besonders gut durchlässige Gestein sowie die hier sehr hohen Niederschläge die Podsolierung kräftig fördern. Wenn Podsole im Blattbereich vorkommen, dann sind sie hier zu erwarten. Sie haben nicht nur niedrige pH-Werte und Basengehalte, sondern auch geringe Feldkapazität. Sie sind Standort des Birken-Traubeneichen-Waldes.

Unterhalb der Sandsteinkante ist auf den Hängen mit Zweischichtböden zu rechnen, die sich aus Deck- und Basisschutt aufbauen und typologisch als Braun- und Parabraunerden bezeichnet werden können. Bei höheren Tongehalten im Basisschutt macht sich hier ebenfalls Staunässe bemerkbar. Ansonsten kommen pseudovergleyte Böden vor allem dann vor, wenn auf flachen ostexponierten Hängen von Dellen wiederum Lößlehm liegt. Entsprechende Formen findet man beispielsweise südlich von Neukirchen, nördlich von Oberstoppel (Handgraben) und östlich Meisenbach (Peterhain). Die Böden außerhalb der Lößlehmdecken sind stark sauer, haben geringen Basengehalt und je nach Tongehalt eine geringe bis mittlere nutzbare Feldkapazität. Sie gelten als "typische Buntsandsteinböden" und stellen mit ihren tonigeren Varianten gute Fichten-, mit ihren sandigeren Varianten gute Kiefern-Standorte dar. Ackerbaulich ist ihre Qualität im ersten Fall als mittel, im zweiten als schlecht zu bezeichnen. Die letztgenannten Böden sind für "Flächenstillegungen" und Nutzungsumwidmungen zu empfehlen, insbesondere auch deswegen, weil ihre Nutzung mit erheblichem Düngeraufwand einhergeht, von dem ein beträchtlicher Teil im groben Solum nicht aufgenommen, sondern ausgewaschen wird und ins Grundwasser gelangt.

Ähnliche Böden sind auf den - kleinen - Vorkommen älterer pleistozäner Terrassenkiese zu erwarten. Doch kann hier gerade in Leelage hinter einer Hangkante eine Lößlehmdecke zu finden sein, was wiederum mit wesentlich besseren Böden verbunden ist. Denkbar erscheint eine solche Situation auf dem Kehls-Berg südwestlich Müsenbach.

Auf den Kiesen in der Hauneaue muß der übliche Braune Auenboden liegen, der sehr nährstoffreich ist und hohe nutzbare Feldkapazität besitzt. Gleiches gilt auch für die Eitraaue. Nur sollten wegen der Hochwassergefährdung die Auen nicht ackerbaulich genutzt werden. Bei Weidenutzung ist dagegen kaum mit Problemen zu rechnen, da die Grundwasseroberfläche erst in größerer Tiefe liegt, und die Grasnarbe deswegen trittfest ist. Ausnahmen können rezente Subrosionssenken bilden, die aber als vernäßte Stellen auf der Karte dargestellt sein sollten.

Das Vorkommen von Auenlehmen ist als sicher anzunehmen, weil in allen mitteleuropäischen Talböden diese Sedimente vielhundertjähriger Bodenerosion liegen. Mit der gleichen Sicherheit darf auch angenommen werden, daß auf den beackerten Hängen die Böden teilweise oder sogar total erodiert wurden. In unserem Gebiet ist das ganz besonders - wie schon ausgeführt - bei den Böden mit tonigem, wenig durchlässigem Unterboden oder Untergrund der Fall. Demnach müßten in der Eitraaue, deren Niederschlagsgebiet großenteils Röttone im Untergrund aufweist, besonders mächtige Auenlehme liegen. Als ihre Äquivalente werden außerdem in den Tiefenlinien der Dellen und an den Unterhängen Kolluviallehme verbreitet sein. Die Böden des Mittleren Buntsandsteins sind wegen ihres höheren Sandgehaltes häufig weniger von der Bodenerosion betroffen. Auf den reinen Sandböden fehlen manchmal sogar Erosionsschäden. Nur bei sehr tonigen Partien ist auch im Mittleren Buntsandstein mit Totalverlust zumindest des lößlehmhaltigen Oberbodens zu rechnen. Das Vorkommen von Erosionsschäden sollte auch in Wäldern nicht überraschen, denn in früherer Zeit waren die Ackerflächen auch in diesem Gebiet ausgedehnter als heute. Der Name "Wildacker" westlich Rothenkirchen gibt zum Beispiel einen Hinweis auf eine Flurwüstung. Aufgrund der exponierten Reliefposition darf aber angenommen werden, daß hier Sandstein den Untergrund bildet und wegen des sandigen Substrates die Abspülungsschäden gering blieben.

Die vorstehenden Ausführungen könnten so interpretiert werden, daß im Talboden der Haune deutlich geringere Mengen von Auenlehm liegen als in der Eitraaue, sind doch die Hänge des Haunetales überwiegend nicht im tonigen Röt, sondern im sandigeren Mittleren Buntsandstein angelegt, doch ließe eine solche Folgerung außer acht, daß außerhalb des Blattgebietes die Haune flußaufwärts durchaus Zugriff auf größere Rötgebiete haben könnte, was tatsächlich auch der Fall ist.

3.4 Baugrund

Bei der Beurteilung des Baugrundes auf dem Blattgebiet darf in bezug auf die Basalte angenommen werden, daß sie, wenn nur die Mächtigkeit nicht zu gering ist, setzungsfrei sind. Es wurden schon Argumente für die Auffassung angeführt, die Kegelberge seien herauspräparierte Basaltstiele. Ihre gute Baugrundqualität könnte der Bau der Burg Hauneck auf dem Stoppels-Berg belegen. Die auf der Karte eingetragene Burgruine läßt indessen ohne Gelände- oder Archiv-Studien nicht erkennen, ob die frühere Burg die - übliche - Zerstörung durch äußere Einwirkung erfahren hat, oder ob - was seltener zutrifft - schlechter Baugrund die Ursache für die Auflassung der Burg war. Der Steinbruch unterhalb der Ruine und auch der bis zur Spitze des Wiesels-Berges vorgetriebene Basaltabbau zeigen jedoch an, daß das Innere der Kegelberge aus massivem Basalt besteht. Dennoch müßte man bei Bauvorhaben darauf achten, wo die Grenze zu weicheren Gesteinen, eventuell auch zu Basalttuffen, liegt, weil es hier am Hang leicht zu Rutschungen kommen kann.

Die Tongesteine des Keupers und des Röts sind im festen Verband weitgehend setzungsfrei. In Böschungen und Baugruben werden sie bei Vernässung instabil, fließen aus oder rutschen in Schollen. Das gilt auch für natürliche Böschungen, wenn wasserwegsames Gestein wie Basalt oder Muschelkalk im Hangenden ansteht. Eine gefürchtete Rutschungszone ist die Stufe des Unteren Muschelkalks über dem Rötton. Hier gibt es bei Baumaßnahmen immer wieder Probleme. Rutschungen sind auf dem Kartenblatt andeutungsweise durch den unruhigen Isohypsenverlauf östlich des Ring-Berges in der Nordostecke zu erkennen. Dort könnten vom Osthang des Ring-Berges, eines Zeugenberges, Muschelkalkschollen über Rötton abrutschen oder bis in die Umgebung des Friedhofes abgerutscht sein.

Der Kalkstein des Muschelkalks ist sonst ein guter Baugrund. Es muß allerdings darauf geachtet werden, daß nicht durch Verkarstung Hohlräume entstanden sind, die bei zusätzlicher Auflast einbrechen. Ähnliche Probleme können auch im Röt bei Auslaugung von Gipslagen entstehen.

Die Sandsteine des Mittleren Buntsandsteins sind in der Regel guter Baugrund. Ausnahmen bilden zu lockerem Sand verwitterte Partien auf tertiären Hochflächenresten, etwa auf dem Mahn-Berg (zwischen Neukirchen und Giesenhain). An solchen Stellen ist nicht auszuschließen, daß durch die intensive chemische Verwitterung das ursprüngliche Bindemittel (Kieselsäure oder auch Karbonate) weggelöst und damit die Festigkeit des Gesteins zerstört wurde. Aber auch in oberflächenferneren Schichten kommen des öfteren lockere Sande im Buntsandstein vor, deren Genese bis heute noch nicht eindeutig geklärt ist. Die Ton- und Schluffsteine des Mittleren Buntsandsteins sind weniger stabil als der feste Sandstein und gleichen mehr den Röttonen. Gleichwohl wurden größere Rutschungen aus diesem Bereich bisher noch nicht bekannt. An steilen Hängen zerreißt das Gestein manchmal durch Druckentlastung, und es bilden sich größere Spalten.

Schließlich zeigen alle Festgesteine große Rutschungen über steilwandigen Subrosionssenken. Mit solchen Bewegungen ist beispielsweise in den Hängen oberhalb des Moores südlich Wehrda zu rechnen. Der nicht völlig parallele Isohypsenverlauf an manchen Stellen mag als kleiner Hinweis darauf gewertet werden. Hier offenbart sich ein Mangel der jüngeren Kartendarstellung, die weitgehend auf Luftbildinterpretation gründet und unter Nadelwald Höhenveränderungen, jüngere Kerbenbildung etc. nicht erfaßt. Unabhängig davon ist nicht zu bestreiten, daß der Baugrund im gesamten Blattbereich durch Subrosion im Zechsteinsalz gefährdet erscheint, und daß die Füllungen selbst in älteren inaktiven Senken Probleme bei der Bebauung bereiten können, weil sie aus weniger belastbaren Lössen und Schutten oder sogar aus humosen Sedimenten bestehen. Weiterhin sei noch auf die geringe Belastbarkeit der Moore und - mit Einschränkung - der Auenlehme hingewiesen. Bei letzteren ist auch bei der Bebauung die Hochwassergefahr zu beachten.

3.5 Lagerstätten

An Lagerstätten wurden und werden in den derzeit eingetragenen Aufschlüssen vor allem Steine und Erden abgebaut. Basaltsteinbrüche sind am Wiesels-Berg, am Lichter-Berg und am Stoppels-Berg zu finden. Muschelkalk ist nicht nur im Kalkwerk südwestlich Malges gewonnen und verarbeitet worden, sondern ein Abbau für Wegeschotter und Bruchsteine erfolgte wahrscheinlich auch in Gruben am Nordwestrand des Ring-Berges sowie nördlich und südöstlich von Eiterfeld. Buntsandstein wurde an verschiedenen Stellen abgebaut. Im allgemeinen sind die Steinbrüche heute nicht mehr in Betrieb, da entsprechender Bedarf an Bau-Sandsteinen nicht mehr besteht. In manchen Gruben mag auch das lockere Substrat zersetzter Sandsteine als Sand gewonnen worden sein, da in näherem Umkreis keine pleistozänen Kiese mit der erforderlichen guten Sortierung zu finden sind. Der Gehalt an tonigem Buntsandsteinmaterial ist zu hoch.

In Salzauslaugungssenken kann mit dem Vorkommen von Braunkohle gerechnet werden. Der Karte (Ausgaben 1966 und 1982) ist aber kein Hinweis auf Bergbau zu entnehmen, obwohl südöstlich Buchenau noch ein Stollen besteht und der über die Eitra führende Zugang zu ihm auf der Karte eingetragen ist. Die Braunkohlen in den Senken haben wegen ihrer geringen Mächtigkeit, ihres jungen Alters und der starken Beimengung anorganischen Materials von den nahen Hängen meist keine gute Qualität. Erheblich größere wirtschaftliche Bedeutung ist den im Untergrund noch vorhandenen Zechsteinsalzen zuzuerkennen. Die rezente, mehr punktuell vorkommende Subrosion zeigt an, daß der größte Teil der Salze noch intakt ist und zweifellos für einen zukünftigen Abbau in Frage kommt.

3.6 Deponien

Für eine Deponienutzung sind die Steinbrüche, da durchweg in wasserwegsamem Gestein liegend, nicht geeignet. Dennoch wird der eine oder andere Aufschluß für solche Zwecke mißbraucht worden sein und heute seiner Entdeckung als Altlast harren. Hochdeponien ließen sich auf den undurchlässigen Röttonen oder ähnlichen Gesteinen anlegen. Insgesamt wird der lokale Bedarf an solchen Einrichtungen wegen der dünnen Besiedlung gering sein.

Für das gesamte Kartengebiet ist anzunehmen, daß der Landschaftshaushalt wenig belastet ist. Einzelne Fabriken gibt es nur in Burghaun, Steinbach, Eiterfeld und Leimbach. Trotz des geringen Arbeitsplatzangebots haben einige Gemeinden viel Bauland erschlossen. Vergleicht man die Kartenausgaben 1966 und 1982, so sieht man am Beispiel Eiterfeld, daß zwar große Teile des erschlossenen Baulandes bebaut wurden, es aber immer noch viel freies Bauland gibt, die Nachfrage sich also in Grenzen hält. Gebaut wurden ausschließlich Einfamilienhäuser. Ihre Bewohner pendeln wahrscheinlich hauptsächlich nach Bad Hersfeld, Hünfeld, Fulda oder sogar bis in das Rhein-Main-Gebiet. Die Landwirtschaft wird überwiegend von den alten Höfen in den Dörfern aus betrieben, nur vereinzelt finden sich Aussiedlerhöfe, zum Beispiel westlich Neukirchen und südlich Dittlofrod. Die großzügige Feldwegestruktur läßt auf arrondierte Fluren schließen. Es fällt auf, daß die dem Landkreis Fulda zugehörigen Gemarkungen mit befestigten Feldwegen besser versehen sind als die zum Kreis Bad Hersfeld-Rotenburg gehörenden. Die Verkehrserschließung ist durch die E 70 gravierend verbessert worden. Von dem starken Durchgangsverkehr auf der B 27 sind Odensachsen und Neukirchen durch Umgehungsstraßen entlastet. Die bei Leimbach endende Bahnlinie bildete früher die Verbindung nach Thüringen und wird wohl, da nur als Nebenstrecke konzipiert, kaum wieder voll in Betrieb genommen werden. Erhebliche Veränderungen würde die Aufnahme des Kaliabbaues für dieses Gebiet bedeuten, die nicht nur ökonomische Verbesserungen mit sich bringt, sondern auch beträchtliche ökologische Belastungen (stärkerer Verkehr, mehr Bewohner, Abraumhalden, Restlaugenbeseitigung).

Literatur zu Kapitel 3

MOTZKA, R. & LAEMMLEN, M. (1967): Erl. geol. Kt. von Hessen 1:25 000, Bl. 5224 Eiterfeld. - 213 S.; Wiesbaden.

SEMMEL, A. (1966): Erl. Bodenkt. von Hessen 1:25 000, Bl. 5224 Eiterfeld. - 89 S.; Wiesbaden.

4 Blatt 5916 Hochheim a. Main

Das Blatt Hochheim spiegelt die Landschaft zwischen Frankfurt a.M. und Wiesbaden wider. Zeilsheim in der Nordostecke gehört noch zu Frankfurt, Delkenheim und Nordenstadt im Westen sind seit einigen Jahren nach Wiesbaden eingemeindet, das Gelände des Erbenheimer Flugplatzes südlich Nordenstadt ist es seit langem. Während der größte Teil des Blattgebietes waldfrei ist, gibt es im Norden und Südosten größere weitgehend geschlossene Waldflächen. Sie nehmen einerseits die höchsten, andererseits die nahezu tiefsten Lagen im Blattbereich ein. Der absolut tiefste Teil liegt in unmittelbarer Nachbarschaft des Mains. Dieser hat indessen kein Tal ausgebildet, sondern fließt nur wenige Meter tiefer als die ihn umgebende Ebene, welche sich viel weiter ausdehnt als Talböden üblicherweise. Das weist darauf hin, daß hier eine junge Aufschüttungsebene vorliegt. Wir befinden uns am Nordrand der Oberrheinischen Tiefebene, die durch die Sedimentation im Oberrheingraben entstand. Man kann von einer jüngeren Beckenlandschaft sprechen, von der mit den bewaldeten Höhen im Norden zugleich ein typischer Randbereich miterfaßt wird.

Der Einfluß tektonischer Bewegungen auf die Landschaftsstruktur ist leicht an den dominierenden Richtungen zu erkennen. Einmal fließt der Main ein längeres Stück in Nordost-Südwest-Richtung, also variscisch, zum anderen laufen parallel dazu viele Verkehrswege, zum Beispiel die Bahnlinie Mainz-Frankfurt a. M., die Bundesstraße 43, die Bahnlinie Wiesbaden-Frankfurt a. M., die Bundesstraße 40 und ein Teil der Autobahn A 66. Nun wäre es sicher zuviel des Geo-Determinismus, anzunehmen, die Verkehrswege seien unter Beachtung der Tektonik geplant worden, aber nicht zu verkennen ist, daß tektonische Richtungen parallel zu Geländekanten laufen, auf die die Verkehrswege zumindest teilweise Rücksicht nehmen. Das kann sogar der Autobahn A 3 nicht abgesprochen werden, die senkrecht zu der angeführten Richtung, also Nordwest-Südost verläuft und sich damit in guter Gesellschaft zu dem Wickerbach-, dem Weilbach- und dem Schwarzbachtal befindet. Neben diesen beiden Richtungen fällt noch der ungefähre Nord-Süd-Verlauf vieler Talabschnitte ins Auge, beispielsweise des Rohrgrabens und des Kassernbaches im Norden. Der gleichen Richtung folgt ein starker, von Tälern unabhängiger Geländeanstieg, der am Nordrand des Blattes zwischen Rechtswert 3460 und 3461 einsetzt und bis in die Umgebung von Weilbach zu verfolgen ist. Ein ähnlich markanter Anstieg, jedoch Nordwest-Südost orientiert, ist zwischen dem Dachskopf (3455) und Diedenbergen zu erkennen. Gewissermaßen quer dazu steigt das gesamte Gelände treppenartig von der Mainaue im Südosten zum Norden und Nordwesten an und dokumentiert auf diese Weise eindrucksvoll die Auswirkung jüngerer Tektonik im Randgebiet eines Grabens. Jedoch darf aus diesen Formulierungen nicht geschlossen werden, daß jede Geländekante unmittelbar eine tektonische Störung belegt, vielmehr sind exogene Einflüsse bei der Reliefentwicklung auch dieses Gebietes zu berücksichtigen. Diese sollten vor allem in pleistozänen Terrassentreppen zu suchen sein, die der Main am nicht oder weniger abgesunkenen Nordrand des Oberrheingrabens, also am Taunussüdrand, hinterlassen haben müßte. Solche Terrassen begleiten jeden höheren Rand einer Aufschüttungsebene. Sie sind häufig in den älteren Untergrund eingeschnitten. Ihre einzelnen Glieder haben verschiedenes Alter. Es handelt sich meist nicht um eine einzige, postsedimentär zerbrochene Terrasse.

Die junge Tektonik gliedert das Blattgelände in drei größere Komplexe: Im Südosten der bewaldete tiefliegende und ebene Bereich einschließlich der Mainaue, das flächenmäßig größte mittlere treppenartig ansteigende Gelände und das in dieses von Norden her bis südlich Diedenbergen vorstoßende Dreieck mit den größten Höhen.

4.1 Gestein

Die Gesteine im Untergrund des erstgenannten Areals müssen im wesentlichen aus Kiesen und Sanden bestehen. Eine ebene Form, in die der rezente Fluß sich erst wenig eingetieft hat, kann im ehemals periglazialen Mitteleuropa in der Regel nur als jungpleistozäne Niederterrasse entstanden sein. Damit in Einklang steht auch das Vorkommen riesiger, relativ flacher Gruben (östlich Raunheim und östlich des Mönchhofdreiecks), in denen Kiese und Sande gewonnen werden dürften (Ausgabe 1985). Auf älteren Kartenausgaben (etwa 1960) darf die Eintragung "Ziegelei" nicht irritieren, auch Kalksandsteinfabriken, die Sand und nicht Lehm als Rohstoff benötigen, können als "Ziegelei" bezeichnet werden. Außerdem läßt sich hier der geschlossene Waldbestand als Indiz für sandigen (schlechten) Boden anführen, der eine ackerbauliche Nutzung trotz des ebenen Reliefs nicht sinnvoll erscheinen läßt. Schließlich wird die Ebenheit des Geländes an manchen Stellen durch viele kleine Hügel unterbrochen, die fünf bis acht Meter Höhe erreichen und nur als Dünen interpretiert werden können, also gleichfalls aus Sand bestehen. Geschlossene Hohlformen ("Plauel" nordöstlich Raunheim und am Südrand des Blattes bei 3463) stellen wahrscheinlich Deflationswannen dar.

Ungefähr mit der Waldgrenze fällt zum Main hin die durchschnittliche Meereshöhe unter 90 Meter ab. Die tiefsten Stellen besitzen langgestreckte Form, etwa zwischen Klaraberg und der Raffinerie oder südlich des Hafenbeckens und südlich Raunheim. Im letzten Fall wird in einer langgestreckten und geschwungenen Form noch der

Grundwasserspiegel angeschnitten. Auf älteren Ausgaben (1960) ist hier noch versumpftes Gelände eingetragen. Südlich davon setzt eine bewaldete Hohlform ein, die abflußlos ist. Nach Form und Boden kann es sich nur um Altläufe des Mains handeln, die auf der Niederterrasse generell verbreitet sind. Es muß damit gerechnet werden, daß in ihnen nicht nur Moore entstanden, sondern auch Hochflutlehme liegen. Solche Sedimente wurden bei Hochwasser auch vielfach weit auf die benachbarten Kiesoberflächen der Niederterrasse verfrachtet. Die kalkhaltigen Hochflutlehme tragen je nach Alter Pararendzinen oder Parabraunerden mit sehr guter Nährstoffversorgung und stellen gesuchte Ackerstandorte dar, sobald sie nicht mehr hochwassergefährdet sind. Hochwasserfrei aber ist der größte Teil der Niederterrasse, sonst wäre sie nicht zu großen Teilen schon seit langem mit Siedlungen und Verkehrswegen bebaut. Rezente Anlandung von Sedimenten ist im engeren Hochflutbett des Mains zu erwarten, das tiefer als die Umgebung liegt und nur als Grünland genutzt wird. Es ist stellenweise eingedeicht.

Auch nördlich des Mains hat der Untergrund in der Nähe des Flusses einen ähnlichen Aufbau. Die Oberfläche der Niederterrasse liegt überwiegend unterhalb 92 m NN und weist gleichfalls zahlreiche Altläufe auf, so zum Beispiel zwischen Eddersheim und Flörsheim südlich der Pumpwerkreihe sowie zwischen Okriftel und Eddersheim. Die längste dieser Formen setzt jedoch an der Schwarzbachaue südlich Hattersheim ein und zieht parallel zum Main westlich von Eddersheim vorbei bis Flörsheim. In sie mündet der Weilbach. Ein großer Teil dieses Altlaufes ist im Unterschied zu den anderen rechtsmainischen Altläufen bewaldet. Es handelt sich dabei offensichtlich um das eingezäunte Schutzgebiet eines Wasserwerkes. Die sonst generelle ackerbauliche Nutzung der rechtsmainischen Niederterrasse legt den Schluß nahe, daß hier nicht Sand-, sondern Hochflutlehmböden dominieren. Einen bestenfalls schwachen Hinweis auf Flugsand und Dünen könnte das Gelände westlich Okriftel mit seiner bis 95,5 m NN ansteigenden Höhe geben. Die abflußlosen Hohlformen im und südwestlich des Wasserwerkwaldes sind schwerlich als Deflationswannen zu erklären, denn sie haben längliche Formen, die dem Altlauf angepaßt erscheinen. Abgesehen von alten Auskolkungen bilden sich derartige flache Formen vor allem dann, wenn seitliche Sedimentzufuhr durch Bodenerosion erfolgt, so beispielsweise durch Auenlehm des Weilbaches.

Der angeführte Altlauf grenzt das Niveau der Niederterrasse gegen eine Geländekante ab, die nördlich des Linsen-Berges zwischen Hattersheim und Okriftel bis 97,7 m NN ansteigt und - mit Unterbrechungen beim Froschpfuhl - allmählich auf 95,2 m NN westlich Eddersheim abfällt. Sie wird zwar vom Mündungstrichter des Weilbachtals geschnitten, setzt sich aber bei Pkt. 95,9 südlich Bad Weilbach fort und läuft an der

Straße Wicker-Flörsheim aus. Oberhalb dieser Kante verflacht das Gelände. Die Frage, ob sich in diesem Anstieg eine Verwerfung oder eine ältere Terrassenkante des Mains verbirgt, darf zugunsten der letzten Möglichkeit beantwortet werden. So ist am besten zu erklären, daß dort, wo nicht diese Kante, sondern eine höhere die Niederterrasse begrenzt, in Verbindung mit der Entstehung der Niederterrasse das nächstältere Niveau erodiert wurde. Vergleichbare Situationen sind bei der Einschneidung einer Terrassentreppe häufig zu beobachten. Dieser Fall erscheint auch beim Froschpfuhl gegeben. Dort ist offensichtlich bereits eine höhere (ältere) Terrasse des Mains von der Niederterrasse angeschnitten worden. Läge eine Verwerfung vor, so wäre sehr wahrscheinlich die ältere Terrasse ebenfalls mit abgesunken.

Daß der Untergrund beider älteren Terrassen gleichfalls aus Kies besteht, machen mehrere Gruben wahrscheinlich, die gerade jeweils an den Kanten ansetzen, denn hier fehlen meist die den Kiesabbau störenden Deckschichten. Bei diesen dürfte es sich indessen nicht mehr nur um Hochflutlehm, sondern hauptsächlich um Löß handeln, denn im Gegensatz zur Niederterrasse findet man oberhalb der beiden Geländekanten keine Altläufe mehr, was bedeutet, daß dieser Bereich seit langem hochwasserfrei ist, und ehemals vorhandene fluviale Hohlformen sehr wahrscheinlich mit Löß eingedeckt wurden. Die Lößbedeckung ist ein typisches Merkmal älterer Terrassen, die in der letzten Kaltzeit nicht mehr überflutet worden sind.

Damit ist der Bereich der Niederterrasse verlassen und zugleich der große Mittelteil des Blattes erreicht, für den unter anderem die intensive ackerbauliche Nutzung als charakteristisch angeführt wurde. Es müssen offensichtlich gute Böden vorliegen, die bekanntlich mit dem Vorkommen von Löß verbunden sind. Gegen die vorgetragene Beweisführung ließe sich einwenden, daß der kleine Rest, der von der über der Niederterrasse folgenden nächstälteren Terrasse erhalten blieb, für eine solche Aussage nicht ausreicht. Doch nimmt die entsprechende Terrassenfläche in und um Hattersheim durchaus beträgliche Ausdehnung an, ohne daß Anzeichen von Altläufen zu sehen sind. Hier ist allerdings die Abgrenzung gegen das nächsthöhere Niveau nicht immer ganz klar. Südwestlich Hattersheim liegt ein solches bei ca. 115 m NN, westlich des Wasserwerkes (nördlich Eddersheim) sowie zwischen Eddersheim und Weilbach eines bei ca. 107 m NN. Dieses tiefere ist südwestlich Hattersheim nicht sicher zu erkennen. Nordwestlich der A 66 findet man schließlich eine Geländekante, die bis 130 m NN und darüber ansteigt (Polischer Berg und Platt). Von hieraus steigt das Gelände nach Nordwesten allmählich auf über 150 m NN an. Die Kante bei ca. 130 m NN ist auch noch südlich der A 66 nordwestlich von Weilbach ausgebildet. Unmittelbar westlich davon gibt es einen kräftigen Anstieg, und zwar an einer Linie, die in Richtung Norden und Nordnordosten läuft.

Diese Linie wurde schon als wahrscheinlich tektonisch beschrieben. An ihr enden die im Gebiet östlich davon liegenden und vorstehend erörterten Kanten bei ca. 107, bei ca. 115 und bei ca. 130 m NN. Diese Kanten sind also älter als die jüngsten Bewegungen an der erwähnten tektonischen Linie, die wesentlich geradliniger verläuft als die oft geschwungenen Terrassenkanten. Insgesamt gesehen erscheint es deshalb berechtigt, die verschiedenen Kanten und Niveaus östlich einer Linie, die von Bad Weilbach über Marxheim bis an den Nordrand des Blattes läuft, als Glieder einer sedimentär und nicht tektonisch bedingten Terrassentreppe anzusehen. Daß deren Anlage dennoch nicht völlig unbeeinflußt von tektonischen Bewegungen erfolgte, verrät schon die bereits angeführte häufige variscische Orientierung der Kanten. Den geologischen Erläuterungen können dazu weitere Einzelheiten entnommen werden, die m. E. beim besten Willen nicht aus dem topographischen Kartenbild ableitbar sind.

Es wurde bereits darauf hingewiesen, daß die Terrassenkanten sich nicht immer durchgehend verfolgen lassen. Entweder fehlt stellenweise ein Niveau, weil es von einer jüngeren Terrasse abgeschnitten oder durch die Einmündung von Nebentälchen oder Dellen gekappt wurde. Noch öfter verwischt aber die Lößverkleidung die Terrassenkanten. Diese äußert sich im Kartenbild zwischen Hattersheim und Weilbach durch einen ackerbaulich genutzten Streifen, der sich zwischen zwei Kiesgrubenareale schiebt. Auf ihm liegen neben einer Tierfarm mehrere Aussiedlerhöfe. Hier verteuert die Abräumung des Lösses offensichtlich den Kiesabbau zu sehr. Auf der Kartenausgabe 1985 fällt außerdem auf, daß nördlich der A 66 offenbar kein Kies abgebaut wird, sieht man einmal von der großen Grube nördlich des Polischen Berges ab. Als Ursache für den fehlenden Kiesabbau könnte ebenfalls eine zu starke Lößbedeckung angenommen werden. Andererseits ist nicht auszuschließen, daß hier die Kiesqualität durch den nahen Taunus (sehr viel weicher Tonschiefer) beeinflußt wird. Kiese müßten zumindest an der Terrassenkante zwischen 125 und 130 m NN zutage treten, zumal dort nördlich vom Mainzer Dreieck auch noch asymmetrische Dellen mit steilerem und in der Regel lößfreiem Osthang eingeschnitten sind. Tatsächlich bestanden dort mehrere Gruben, die mit Abfall verfüllt wurden. Eine große Grube ist derzeit noch auf dem Platt zu finden, in der die auf der Karte eingetragenen Gebäude liegen. Die Qualität der Karte läßt hier zu wünschen übrig, was insbesondere auch für das Auffinden von Altlasten von Nachteil sein könnte.

Westlich von Flörsheim stößt die Grenze der Niederterrasse zum höheren Gelände sehr weit nach Süden vor. Der recht steile Anstieg beträgt mehr als 20 Meter. Die steilwandige große Grube nördlich der Obermühle erlaubt den Schluß, daß hier nicht lockerer Kies den Untergrund bildet, sondern Festgestein. Auf älteren Kartenausgaben (1960) ist außerdem die Bezeichnung "Steinbruch" eingetragen. Da wir uns hier -

tektonisch gesehen - im Mainzer Becken, einem tertiären Senkungsgebiet befinden, handelt es sich bei dem Festgestein sehr wahrscheinlich um tertiären Kalkstein. Es fehlt zwar eine entsprechende Fabrikanlage (Kalk- oder Zementwerk), jedoch zeigt das Gleis einer Wirtschaftsbahn mit Anschluß an die Bahnlinie Frankfurt a. M.-Wiesbaden an, daß die Verarbeitung offensichtlich nicht am Ort erfolgt. Das Festgestein trägt allem Anschein nach eine Decke von anderen Sedimenten, deren Abräumung eine niedrige Kante am Nordrand des Steinbruchs hinterlassen hat. Die ebene Oberfläche und deren über den übrigen Terrassenbereich nicht hinausreichende absolute Höhe erlauben den Schluß, daß es sich ebenfalls um eine lößbedeckte Mainterrasse handelt. Deren Riedelform wird im Osten und im Süden von der Niederterrasse des Mains, im Westen von der des Wickerbaches begrenzt.

Im Norden steigt die Oberfläche von 110 auf 130 m NN an. Dieser Anstieg bildet den Übergang zu einem zwischen 140 und 150 m NN liegenden Niveau, das sich zwischen den Tälern des Weilbaches und des Wickerbaches erstreckt und auf dem die Orte Wicker und Massenheim liegen. Nördlich von Massenheim erfolgt ein Anstieg auf ein Niveau zwischen 155 und 160 m NN. Auf diesem liegt das Wiesbadener Kreuz. Sämtliche Niveaus stellen wahrscheinlich Mainterrassen dar. Als Indiz dafür lassen sich auch die Gruben nordwestlich des Oberfeldhofes östlich von Delkenheim anführen, die zweifellos dem Kiesabbau gedient haben. Doch fällt auf, daß sonst keine weiteren Kiesgruben auf den zur Diskussion stehenden Niveaus eingetragen sind, dafür aber mehrere Aussiedlerhöfe oder landwirtschaftliche Einzelgebäude, die im Einklang mit der ausschließlich ackerbaulichen Nutzung des Gebietes stehen. Ein wesentlicher Grund dafür ist in den hier zu erwartenden Lößböden zu sehen. Möglicherweise erschwert eine weitgehend geschlossene und mächtige Lößdecke den Kiesabbau, der unter diesem Aspekt nur an dem Nordwesthang bessere Bedingungen findet.

Abgesehen davon, daß eine solche Deutung die Kartendarstellung als absolut richtig ansieht, was - wie schon dargelegt - nicht immer zutreffen muß, befriedigt die gegebene Erklärung nicht voll, wenn man den intensiven Kiesabbau betrachtet, der durch die zahlreichen Gruben westlich des Wickerbaches widergespiegelt wird. Da das Gebiet großenteils schwach ostexponiert ist, also Leelage aufweist, müßte gerade hier verbreitet Löß anzutreffen sein, zumindest wäre er hier eher zu erwarten als auf dem höher gelegenen Niveau östlich des Wickerbachtales. Nicht unwahrscheinlich ist, daß es sich bei dem letztgenannten Gebiet um eine junge tektonische Hochscholle handelt, auf der die Kiesmächtigkeit bereits primär gering war und deshalb ein Abbau im Zusammenhang mit den hohen Abraumkosten bisher nicht opportun erschien. Der Hochschollencharakter ist leicht aus der höheren Position und den tektonisch vorgezeichneten Grenzen des betreffenden Areals abzuleiten. Im Osten bildet die Grenze der bereits mehrfach erwähnte Nord-Süd verlaufende Abfall westlich Weilbach, im Westen der Nordwest-Südost orientierte Teil des Wickerbachtales. Im Nordwesten grenzt ein Nordost-Südwest gerichteter Teil dieses Tales die Hochscholle ab (nordöstlich von Delkenheim), im Südosten der parallel dazu laufende Abfall zur Niederterrasse des Mains nördlich von Flörsheim.

Auf den bis 40 Meter hohen Hängen des Wickerbachtales wird sehr wahrscheinlich der präquartäre Untergrund angeschnitten. Es scheint sich dabei nicht um Kalkstein zu handeln, denn der Osthang des Tales ist in diesem Abschnitt deutlich flacher als auf Höhe des schon abgehandelten Steinbruchs nördlich der Obermühle. Zugleich wird er im Unterschied zum letztgenannten Bereich als Weinberg genutzt. Daß die Nutzungsunterschiede in diesem Fall nicht expositionsbedingt sind, zeigt nicht nur der steile südexponierte Hang oberhalb der Obermühle, sondern auch der weiter talaufwärts gelegene südwestexponierte Hang am Geis-Berg, in dem eine aufgelassene Grube als Indiz für früheren Kalksteinabbau gedeutet werden kann. Dieser erfolgte nicht, wenn die Hänge nicht aus Kalkstein, sondern aus tertiärem Mergel bestehen würden, der zugleich günstiger Weinbaustandort ist. Es darf deshalb angenommen werden, daß die Grenze zwischen Kalkstein und Mergel nördlich des Geis-Berges liegt. Als weitere Hinweise auf Mergeluntergrund lassen sich vielleicht noch das Wasserloch im Boden der Grube im Hang westlich Massenheim sowie der - zumindest andeutungsweise - unruhige Isohypsenverlauf nördlich der Wickerbachmühle deuten, der wohl unausgeglichenes Relief infolge Rutschungen anzeigt. Der Weinbau klingt in diesem Gebiet bereits aus, sicher nicht zuletzt wegen der talaufwärts geringer werdenden Taltiefe und der damit verbundenen flacheren Hangneigung, die weniger Strahlungsgenuß zur Folge hat.

Nördlich des Wiesbadener Kreuzes sind Verflachungen, die wahrscheinlich gleichfalls Terrassenreste darstellen, bei ca. 170 m NN (Industriegebiet östlich Wallau und Reichers-Berg westlich Diedenbergen) sowie bei ca. 200 m NN anzutreffen (Heimlicher Berg in der Nordwestecke des Blattes, Streit-Berg nordwestlich Breckenheim, das Gelände östlich Breckenheim, das Neubaugebiet am Nordrand von Diedenbergen, am Kloster nördlich Marxheim). Das Fehlen von Kiesgruben auf diesen Niveaus wird seine Ursache wahrscheinlich nicht in Kartenfehlern oder zu großer Lößmächtigkeit haben, sondern eher in schlechter Kiesqualität, denn hier am Taunusrand muß wiederum mit einem hohen Anteil von weichen Schiefern gerechnet werden. Zudem wird die Verwitterung der Kiese wegen des hohen Alters und der infolge der großen absoluten Höhe geringmächtigen Lößdecke stark fortgeschritten sein, weshalb der Tongehalt zusätzlich erhöht und die Kiesqualität entsprechend schlechter sein dürfte.

Im Gebiet westlich des Wickerbachtales fällt zunächst auf, daß die Niederterrasse nördlich des Mains nur geringe Breite hat und anschließend das Gelände relativ steil von ca. 90 auf ca. 125 m NN (Umgebung Hochheim) ansteigt. In diesem Hang, der ausschließlich weinbaulich genutzt wird, tritt sehr wahrscheinlich wiederum tertiärer Mergel zutage. Diese Annahme basiert auf Überlegungen, wie sie bereits für den Osthang des Wickerbachtales (vgl. oben) ausgeführt wurden. Ein direkter Hinweis auf mergeligen, also rutschungsanfälligen und undurchlässigen Untergrund läßt sich der Karte allerdings nicht entnehmen. Der Isohypsenverlauf ist weitgehend parallel und spiegelt einen glatten, kaum gestuften Hang wider.

Das Gebiet oberhalb ca. 125 m NN ist eben und von vielen relativ flachen Gruben überzogen, die nur als Kiesabbau interpretiert werden können. Kein anderes Gestein wird in ähnlicher Weise in ähnlichem Umfang in Mitteleuropa gewonnen.

Der Golfplatz südlich Delkenheim und die westlich davon liegenden Kiesgruben am Käsbach zeigen Grundwasseroberflächen bei ca. 130 beziehungsweise 132 m NN an. Allerdings soll laut Pfeil auf der Karte den Teichen auf dem Golfplatz Wasser aus dem Wickerbach zugeführt werden. Da dessen Aue hier bei ca. 120 m NN liegt, müßte das Wasser bergauf fließen. Unabhängig davon bleibt aber festzuhalten, daß die Grundwasseroberfläche im Golfgelände deutlich höher als in der benachbarten Aue ist. Es muß deshalb undurchlässiger Untergrund angenommen, also mit tertiären Mergeln gerechnet werden. Diese liegen hier offensichtlich deutlich höher als im Terrassengelände östlich der Hochscholle zwischen Weilbach und Hattersheim, wo am Froschpfuhl das Grundwasser erst bei 87,7 m NN, also im Niveau des Mainspiegels, erreicht wird. Dort scheint der Mergel in den Kiesgruben noch nicht angeschnitten zu sein. Als zusätzliches Indiz für diese Auffassung lassen sich die vielen Anlagen zur Wassergewinnung in diesem Gebiet anführen, die bei geringmächtigem Speichergestein nicht erklärbar wären. Weiterhin fällt auf, daß die Terrassenoberflächen im Westen um durchschnittlich 20 Meter tiefer liegen als auf der Hochscholle bei Massenheim und Wicker. Demnach ist wohl das Gebiet westlich des Wickerbachtales gegenüber der Hochscholle östlich des Tales abgesunken oder weniger stark gehoben, gegenüber dem Gelände östlich der Hochscholle aber (ebenfalls relativ) stärker gehoben worden.

Auf dem flachen zerdellten Abfall des westlichen Gebietes zum Wickerbachtal fehlen die Kiesgruben weitgehend. Hier wird nicht nur des öfteren eine mächtigere Lößdecke liegen, sondern auch der Kies der Mainterrassen fehlen, denn er müßte im Zusammenhang mit der Einschneidung des Wickerbachtales ausgeräumt worden sein. Es sind hier zwar ältere Terrassenreste des Wickerbaches zu vermuten, diese haben aber gegebenenfalls nur kleines Volumen und schlechte Kiesqualität. Die große geradlinig begrenzte fünfeckige Fläche, die nördlich der "Platte" zwischen Hochheim und Wicker über ihre Umgebung ansteigt, sowie eine ähnliche nordwestlich davon liegende Fläche sind ohne Zweifel künstliche Aufschüttungen.

Nördlich der A 66 steigt das Gelände überwiegend kontinuierlich auf über 200 m NN an. Der größte Teil fällt dabei allmählich nach Osten zur Wickerbachaue ab. Als vorherrschender Untergrund darf hier vor allem wegen der ausgesprochenen Leelage Löß angenommen werden. Damit korrespondiert auch die ackerbauliche Nutzung des Gebietes.

Das noch nicht erörterte überwiegend bewaldete Gebiet zwischen der Raststätte Medenbach im Nordwesten, Diedenbergen im Süden und dem Kapellen-Berg nördlich Hofheim liegt mit 200 bis 350 m NN meist deutlich höher als seine Umgebung auf dem Blattgebiet. Die Bewaldung könnte einmal ihre Ursache im steilen Relief haben, zum anderen in schlechten Bodenverhältnissen. Löß wird in dieser Meereshöhe nur noch in sehr günstigen Leelagen zu finden sein, etwa auf den Westhängen der Täler wie westlich des Dachskopfes nördlich Breckenheim und im Kassernbachtal östlich Breckenheim. Diese Gebiete werden auch ackerbaulich genutzt. Andererseits zeigt das exponierte und sicher lößfreie Bahnholz, daß auf flacherem Gelände für den Ackerbau auch schlechtere Böden herangezogen werden. Hier ist offensichtlich in der bisher praktizierten "geo-deterministischen" Verfahrensweise keine befriedigende Aussage über die Beschaffenheit des Untergrundes abzuleiten. Für die flacheren Bereiche ist anzunehmen, daß es sich wiederum um Flußterrassen handelt, so etwa bei den Verflachungen zwischen 220 und 235 m NN bei der Raststätte Medenbach, am Galgen-Berg nördlich Diedenbergen und im Vorderwald nordwestlich Marxheim, dann bei 290 m NN südlich des Bahnholzes und auf dem Kapellen-Berg sowie über 320 m NN auf dem Bahnholz. Erfahrungsgemäß muß im südlichen Rheinischen Schiefergebirge außerhalb tektonischer Senken oberhalb ca. 300 m NN mit dem Einsetzen tertiärer Flächenreste gerechnet werden. Auf den tieferen Formen können noch altpleistozäne stark verwitterte Kiese liegen.

Über den übrigen Untergrund dieses hochliegenden Gebietes ist vom Kartenbild her schwerlich eine überzeugende Aussage zu gewinnen. Der mittlere Teil mit dem Bahnholz und dessen Hang zum Schwarzbachtal erweist sich als stärker zerdellt und zerschluchtet als der westliche Teil mit Kartaus und Dachskopf. Auch der östlich des Schwarzbachtales liegende Kapellen-Berg erscheint wenig reliefiert. Daraus ließe sich für den mittleren Teil auf geomorphologisch weiches, für das übrige Gebiet auf hartes Gestein schließen. Doch würde man hierbei nicht berücksichtigen, daß das Bahnholz ein deutlich größeres Niederschlagsgebiet mit entsprechend größerem Oberflächenabfluß hat als die übrigen Gebiete. Außerdem wird der Osthang vom Kartaus ackerbaulich genutzt. Unter Wald wären hier wahrscheinlich ähnliche Runsensysteme wie auf dem Osthang des Bahnholzes entwickelt. Solche Systeme zeigen Flurwüstungen an. Die Runsen sind unter Ackernutzung in jüngerer Zeit überwiegend zu Kulturdellen umgeformt worden. Die Böschungen im Hinterwald westlich Hofheim und die Grube nordwestlich sowie der Schießstand westlich der Wiesenmühle im Westhang des Schwarzbachtales sind wahrscheinlich in Lockergestein angelegt. Wenn das Blatt Hochheim annähernd die Informationsqualität hätte wie die Blätter Idstein und Eiterfeld, dann müßten im Steilhang nördlich des Punktes 171,8 Felsklippen und in der aufgelassenen Grube am Waldrand östlich Breckenheim Festgestein eingetragen sein. Hier stehen nämlich grobe Gesteine des Rotliegenden an. Dieses Gestein bildet den Sockel für die hangenden lockeren tertiären Hofheimer Kiese, aus denen der größte Teil des oberflächennahen Untergrundes und auch der Kapellen-Berg besteht. Einen Hinweis auf hartes Gestein als Untergrund geben die steilen Hänge des Schwarzbachtales und der gerade und unzerschnittene Hang östlich Breckenheim, in dem die erwähnte aufgelassene Grube liegt.

Im gesamten Gebiet des Blattes Hochheim außerhalb der Main-Niederterrasse, dessen Untergrund vorstehend behandelt wurde, sind allgemein in den Talböden der Nebentäler geringmächtige schlecht sortierte Kiese mit hohem Tonschieferanteil aus dem Taunus zu erwarten. Auf den Kiesen findet man bestimmt Auenlehm, wie an den Unterhängen und in Dellen Ackerkolluvium, das zeitliche Äquivalent des Auenlehms. In Altläufen des Mains, aber auch in den sumpfigen Stellen in der Südostecke des Blattbereiches werden Anmoore und Torfe vorkommen.

4.2 Wasserhaushalt

Der Wasserhaushalt des Blattgebietes wird durch geringen mittleren Jahresniederschlag und hohe Temperaturmittel, beides eine Folge der Becken- und Leelage am Nordende der Oberrheinischen Tiefebene, beeinflußt, wobei für die höhergelegenen Partien diese klimatische "Gunstlage" nur abgeschwächt gilt. Da hier jedoch der Waldanteil hoch ist, muß mit einem nicht unbedeutenden stärkeren Verbrauch von Waser durch die Vegetation gerechnet werden. Insgesamt ist aber für das Blattgebiet die geringe Waldbedeckung in Verbindung mit dem flachen Relief als für die Grundwasserneubildung vorteilhaft anzusehen. Schlechter sind in dieser Hinsicht der oberflächennahe Untergrund und die Böden einzuschätzen.

Sehr gut durchlässige Standorte liegen nur mit den Sanden im Südosten des Blattes vor. Die Hochflutlehme auf der Niederterrasse des Mains sind ebenso wie die Lösse mit ihren wenig durchlässigen Parabraunerden in dieser Hinsicht wesentlich schlechter zu beurteilen. Ausnahmen stellen die Areale dar, wo durch die anthropogene Bodenerosion der gesamte Boden abgetragen wurde. Schließlich wären auch die Flächen als gut durchlässig anzusehen, wo der Kies keine Lößdecke hat. Doch tragen die Kiese der älteren Terrassen in der Regel stark verlehmte Böden, die ebenfalls wenig durchlässig und oft sogar staunaß sind. Auch hier darf nur bei starken Erosionsschäden mit durchlässigem Untergrund gerechnet werden. Entsprechende Schäden findet man hauptsächlich an Terrassenkanten und Osthängen periglazial asymmetrischer Tälchen und Dellen. Ein wichtiger Umstand darf in diesem Zusammenhang nicht übersehen werden: Viele der Flächen, auf denen Kies an die Oberfläche trat, sind inzwischen dem Kiesabbau anheimgefallen. Je nach Nachfolgenutzung kommen solche Flächen für die Grundwasserregenerierung mitunter nicht mehr oder nur noch sehr eingeschränkt in Frage, zum Beispiel dann, wenn bei einer gut "sanierten" Mülldeponie zwecks Sickerwasservermeidung die Oberfläche versiegelt und der Oberflächenabfluß in den nächsten Vorfluter geleitet oder in einem künstlich erzeugten Teich (Feuchtökotop) der Verdunstung ausgesetzt wird.

Staunasse und wenig durchlässige Böden bedecken sicher auch große Teile des hochgelegenen Dreiecks im nördlichen Bereich des Blattgebietes, vor allem dort, wo auf tertiären Flächenresten noch kräftig verlehmte Reliktböden erhalten sind. Hier muß auf einen Fehler der Bodenkarte (SEMMEL 1970) hingewiesen werden: Südlich des Bahnholzes am Blattnordrand ist auf einem Flächenrest bei ca. 290 m NN ein Bodenareal mit Braunerdefarbgebung ohne Legendennummer eingetragen. In Wirklichkeit handelt es sich um einen Pseudogley.

Zusammenfassend läßt sich für die Böden und den oberflächennahen Untergrund des Blattgebietes sagen, daß nur im Südosten eine größere Fläche vorliegt, die sehr hohe Durchlässigkeit des Untergrundes und damit gute Voraussetzungen für die Grundwasserregenerierung aufweist. Ansonsten überwiegen Substrate an oder nahe der Oberfläche, die mittel bis schlecht durchlässig sind und auf den weiträumigen Ackerflächen den Oberflächenabfluß fördern.

Diese für den Gesamtwasserhaushalt nicht sehr günstige Situation wird jedoch ganz entscheidend durch den Zufluß von Fremdwasser in ihren Auswirkungen eingeschränkt. Das Gebiet - und hier vor allem die tiefergelegenen Teile - erhält erheblichen Wasserzufluß nicht nur aus dem Taunus, sondern auch aus den anderen höheren Gebieten vor allem der nordöstlichen bis südlichen Umgebung. Dieser Zufluß und die absolute Dominanz von porenreichen Aquiferen in Form der weitgehend kiesigen Sedimente bedingen zweifellos eine vorzügliche Grundwasserhöffigkeit. Eine regionale Differenzierung wird sich insofern einstellen, als die Mächtigkeit des kiesigen Untergrundes doch schwankt. Sie ist im Osten der tektonischen Hochscholle, also östlich von Hofheim, Marxheim und Flörsheim, mit Sicherheit größer als auf der Hochscholle und im Gebiet westlich von ihr, also westlich vom Wickerbachtal (vgl. dazu die entsprechenden Ausführungen über den Gesteinsuntergrund). Dieser Unterschied äußert sich auch in der Verbreitung der Wassergewinnungsanlagen. Größere davon (Brunnen und Pumpwerke) gibt es beispielsweise in Raunheim und nordöstlich der Raffinerie, zwischen Eddersheim und Hattersheim und zwischen Eddersheim und Flörsheim. Diese Anlagen nutzen Grundwasser aus der Main-Niederterrasse und wahrscheinlich aus derem Liegenden, denn die Kiese der Niederterrasse haben erfahrungsgemäß keine sehr große Mächtigkeit, aus ihnen dürften kaum die großen Wassermengen zu gewinnen sein, deren Förderung die zahlreichen Brunnen und Pumpwerke anzeigen. Diese Frage wurde schon bei der Erörterung der Untergrundbeschaffenheit angeschnitten.

Wassergewinnungsanlagen dieser Dimension sind außerhalb des Niederterrassengebietes nicht zu finden. Einzelne Brunnen und Pumpwerke gibt es zum Beispiel noch südlich Hofheim und auf dem Südhang des Schwarzbachtales, ein weiteres Pumpwerk östlich davon in der Schwarzbachaue. Es ist wenig wahrscheinlich, daß im letzten Fall nur Wasser aus den geringmächtigen Kiesen der Niederterrasse des Schwarzbaches gefördert wird, auch der tiefere Untergrund dürfte aus speicherfähigen Sedimenten bestehen. Die Brunnen weiter bachaufwärts nahe der Wiesen-Mühle könnten dagegen Kluftwasser fördern, das sich in Verwerfungen am Ostrand der schon mehrfach erwähnten Hochscholle sammelt. Ähnliches kommt für den Brunnen westlich Marxheim in Betracht. Der Schwefelbrunnen und die Natronquelle bei Bad Weilbach zeigen an, daß an diesen Verwerfungen offensichtlich Mineralwässer aus dem tiefen Untergrund aufsteigen. Kluftwasser wird vermutlich auch aus dem Brunnen auf dem Westhang des Weilbachtales westlich Weilbach sowie durch die beiden Pumpwerke nordwestlich Diedenbergen gewonnen, denn diese liegen sämtlich in tektonisch orientierten Tälern, die Nordwest-Südost oder Nord-Süd verlaufen. Ähnliches kommt für die Brunnen und Quellen im Wickerbachtal bei Delkenheim und im Nebental westlich Breckenheim in Betracht. Dagegen müßten die Brunnen südwestlich Delkenheim nur Grundwasser aus den pleistozänen Terrassenkiesen fördern, deren Mächtigkeit gering ist und deren Liegendes aus tertiären Mergeln bestehen dürfte. Es wird dementsprechend nur mit geringen Fördermengen zu rechnen sein.

Auf die Qualität des Grundwassers haben das Speichergestein, die Sickerwässer und das von außerhalb zugeführte Wasser Einfluß. Die petrographische Zusammensetzung der Kiese, die für die Wassergewinnung zweifellos das wichtigste Gestein im Blattgebiet sind, wird einmal vom Anteil des Taunusmaterials und von dem der Sedimente bestimmt, die der Main aus seinem übrigen Einzugsgebiet mitgebracht hat. Aus dem Taunus können nur kalkfreie Tonschiefer, Quarzite und Sandsteine kommen. Der Main kann darüber hinaus beträchtliche Mengen von Kalkstein aufnehmen, quert er doch die gesamte süddeutsche Stufenlandschaft und damit nicht nur Kristallin, Bunt- und andere Sandsteine, sondern auch Kalkgesteine des Muschelkalks und des Juras. Erstaunlich ist - und diese Information kann der Karte nicht entnommen werden - die Tatsache, daß bereits östlich von Frankfurt a. M. kaum noch Kalkgerölle in den Mainsedimenten zu finden sind. In den älteren Terrassen ließe sich das als Ergebnis langandauernder Verwitterung deuten, aber auch in den Kiesen der Niederterrasse kommen nur noch vereinzelt Kalkgerölle vor. Es dominieren Sandsteine. Deshalb überrascht es nicht, daß das Grundwasser im Südosten des Blattgebietes nur geringe Karbonathärte aufweist. Hier wird auch durch die Sickerwässer kein Kalk zugeführt, denn die Flugsande sind ebenfalls kalkfrei, da sie aus Teilgebieten der kalkfreien Niederterrasse des Mains ausgeweht wurden.

Die Karbonathärte nimmt wahrscheinlich in dem Gebiet zu, in dem statt des Flugsandes kalkhaltiger, hauptsächlich aus umgelagertem Löß bestehender Hochflutlehm über den Kiesen der Niederterrasse liegt und aus diesem mit Sickerwässern dem Grundwasser Kalk zugeführt wird. Ein ähnlicher Vorgang läuft ja bekanntermaßen in Lößgebieten ab, wo durch kalkhaltige Sickerwässer das Grundwasser in den primär kalkfreien Kiesen unter dem Löß aufgehärtet wird ("Lößhärte"). Ein größeres Problem als die Lößhärte dürfte aber die anthropogene Belastung des Grundwassers sein. Sie äußert sich mit Sicherheit hauptsächlich in den intensiv ackerbaulich genutzten Arealen durch hohen Nitratgehalt. Die höchsten Werte werden erfahrungsgemäß in den Weinbaugebieten erreicht, weil hier mit besonders hohen Düngergaben gearbeitet wird. Eine noch größere Gefahr für das Grundwasser ist in der Möglichkeit der Aufnahme von Uferfiltrat zu sehen. Das Mainwasser war bis vor kurzem als extrem verschmutzt bekannt. Die auch dem Blatt Hochheim zu entnehmende und für das gesamte Untermaingebiet typische dichte Besiedlung und Industrialisierung liefern mit ihren Abwässern reichlich Schadstoffe in den Main als den Hauptvorfluter. Zwar ist durch den Bau vieler Kläranlagen, von denen zahlreiche auf dem Blatt eingetragen sind, in der letzten Zeit eine deutliche Verbesserung eingetreten - man vergleiche dazu etwa die Zahl der Kläranlagen auf den Blattausgaben 1960 und 1985 -, doch die Gefahr, daß Grundwasser durch belastetes Uferfiltrat verunreinigt wird, ist weiterhin nicht gering. Als besonders gefährdet sind die Brunnen nahe des Mains, aber auch die auf den Niederterrassen der Nebenbäche anzusehen. Letzteres gilt hauptsächlich dann, wenn in den Tälern in der Nachfolgenutzung früherer Mühlen Fabriken mit starker Umweltbelastung (Lederfabriken etc.) eingerichtet wurden. In diesem Zusammenhang sei auf das Schwarzbachtal verwiesen.

Besonders zu beachten bleibt in dieser Hinsicht auch die Nutzung früherer Kiesgruben als Abfalldeponien. Sie war bis vor einigen Jahren die Regel. So muß leider damit gerechnet werden, daß manche Kiegrube, die auf der Blattausgabe 1960 noch eingetragen ist, auf der Ausgabe 1985 aber fehlt, eine entsprechende Altlast darstellt. Solche Gruben sind oft Trinkwassergewinnungsanlagen benachbart. Ein Beispiel ist mit den früheren Kiesgruben südlich Eddersheim gegeben (gegenüber der Domäne Mönchhof, Ausgabe 1960). Diese verfüllten, inzwischen teilweise überbauten Gruben liegen unmittelbar stromauf der Brunnenreihe im "Grund". Als nicht besonders sinnvoll ist aus dieser Sicht auch der Bau der Raffinerie mitten in einem Gebiet anzusehen, das für die Grundwassergewinnung offensichtlich große Bedeutung hat. Es muß damit gerechnet werden, daß hier und an anderen Stellen des Blattgebietes die Förderleistung der Brunnen zu reduzieren ist, weil die Gefahr des Einzugs stark verschmutzter Wässer besteht. Dadurch wird wahrscheinlich die insgesamt als gut einzuschätzende Möglichkeit der Versorgung mit Grundwasser aus dem Blattgebiet selbst nicht unerheblich eingeschränkt und ein Fremdbezug von Trinkwasser notwendig. Nicht unterschätzt werden darf auch der Verlust an Grundwasser, der durch häufiges Freilegen der Grundwasseroberfläche in Kiesgruben entsteht, die nicht verfüllt werden, sondern als Bade- und Anglerseen oder Feuchtökotope ausgewiesen sind. Besonders in trockenen Sommern verdunsten hier große Wassermengen.

4.3 Boden

Die Verbreitung der Böden könnte sich auf Blatt Hochheim eng an die Dreigliederung anlehnen, die bei der Gesteinsverteilung zugrunde gelegt wurde, zumal diese ja neben den Gesteinen gleichzeitig eine Differenzierung hinsichtlich des Klimas (Höhenlage), des Reliefs und des Grundwassereinflusses beinhaltet. Doch ergibt sich bei genauerer Betrachtung gerade in der unterschiedlichen Kombination der angeführten bodenbildenden Faktoren eine große Zahl von bodenkundlichen Varianten, die sowohl ökonomisch als auch ökologisch ein weites Spektrum umfassen.

Bereits im Bereich der Niederterrasse des Mains kann ein recht buntes Bodenmosaik abgeleitet werden. Im äußersten Südosten kommen im versumpften Gelände bei der Scheibenseeschneise sehr wahrscheinlich Anmoore und/oder sogar Niedermoore vor. Als nächste, schon nicht mehr so extrem vom Grundwasser beeinflußte Bodenvariante stellen sich im Übergang zu den Dünen sicher Naßgleye, Gleye und Gley-Braunerden ein, die auf den Dünen von Braunerden abgelöst werden. Solche Bodensukzessionen sind typisch für sandige Niederterrassen in der Oberrheinischen Tiefebene. Die Standorte haben durchweg niedrige pH-Werte und sind basenarm. Natürliche Vegetation ist auf den nassesten Standorten der Birken-Bruchwald, auf den etwas trockeneren der Birken-Eichenwald. Die Braunerden auf den Dünen sind ausgeprägte Trockenstandorte mit natürlichem Eichenbestand, der heute in der Regel durch Kiefern ersetzt ist. Eine landwirtschaftliche Nutzung findet nur selten statt. Die sich leicht erwärmenden Sandböden sind für Sonderkulturen (Spargel etc.) gut geeignet. Die mit solchen Nutzungen verbundene intensive Düngung belastet in dem durchlässigen Substrat das Grundwasser in besonderem Maße. Künstliche Beregnung verstärkt diesen Effekt. Außerdem sind nicht bewachsene Flächen der Winderosion ausgesetzt. Deshalb muß auf Äckern und auch auf Wüstungsfluren damit gerechnet werden, daß statt der Braunerde ein Regosol (früher als Ranker bezeichnet) aus Flugsand vorliegt, weil der natürliche Boden abgeweht worden ist. Gelegentlich stellen sich dann auch Übergänge zum Podsol ein. Die extremen Trockenstandorte sind den absoluten Feuchtökotopen oft unmittelbar benachbart. Das gilt besonders für die tiefeingeschnittenen Altläufe, wie zum Beispiel den an der Schule südlich Raunheim beginnenden. Auf der Karte ist zwar die Steilwandigkeit der Form gut dargestellt, nicht jedoch der im Altlauf vorherrschende Weichholzbestand (Weide, Pappel, Erle), der sich von den auf den Hängen stockenden Kiefern eindrucksvoll abhebt. Anerkennung verdient die Tatsache, daß auf der Karte der westliche Rand des Altlaufes als künstliche, der östliche dagegen als natürliche Böschung dargestellt worden ist. Auf diese Weise ist der Karte zu entnehmen, daß das Gebiet westlich des Altlaufes früher beackert wurde und an der Grenze zum Altlauf eine Kulturwechselstufe entstand.

Auf den durchweg unbewaldeten und - soweit nicht von Gebäuden vereinnahmten - ackerbaulich genutzten Teilen der Niederterrasse ist auf den höher gelegenen und nicht mehr überfluteten Hochflutlehmen eine Parabraunerde der vermutlich häufigste Boden, denn das Substrat besteht aus umgelagertem Löß und bietet damit die gleichen Bedingungen für die Bodenentwicklung. Die Böden aus Hochflutlehm weisen genau wie die Löß-Parabraunerden generell sehr gute Nährstoffversorgung und hohe nutzbare Feldkapazität auf. Sie sind wie diese erstklassige Weizen- und Zuckerrübenstandorte. Dort, wo in tieferen Lagen, an Rändern von Altläufen oder im engeren Hochflutbett des Mains rezente Überflutung gelegentlich stattfindet, kommen auf den kalkhaltigen Sedimenten Auen-Pararendzinen vor, die wegen der Überflutungsgefahr nur mit Einschränkungen für den Ackerbau herangezogen werden können.

Der größte Teil des Blattgebietes wird mit Sicherheit von Parabraunerden bedeckt, die sich im Löß, in solifluidal verlagerten Kiesen oder in den Kiesen selbst entwickelt haben. Das entspricht der allgemeinen Bodenverbreitung in Mitteleuropa. Nur in den trockensten Lagen Mitteleuropas, zu denen das Blattgebiet nicht gehört, gibt es auf Löß auch Schwarzerden. Die Lößböden sind wegen ihrer hohen Fruchtbarkeit schon im Neolithikum im Rhein-Main-Gebiet verbreitet beackert worden. Zahlreiche Hügelgräber zeigen die anschließende Besiedlung an (nordwestlich Diedenbergen, nordwestlich Marxheim und nördlich Breckenheim). Die langandauernde Nutzung ist automatisch mit Bodenabtrag verbunden. Die Bodenerosion wird durch die in den Beckenlagen besonders häufigen Gewitterregen gefördert, die heute vor allem in Zuckerrüben- und Maiskulturen kräftige Abspülung bewirken. In den hängigen Lagen wird nicht selten bereits der gesamte Boden abgetragen sein und im Rohlöß geackert werden. In trockenen Sommern macht sich die auf diese Weise geminderte nutzbare Feldkapazität in Ertragseinbußen bemerkbar. Die kolluvialen Sedimente an Unterhängen und in Dellen verursachen wegen ihres hohen Stickstoffgehaltes besonders kräftiges Pflanzenwachstum, weshalb bei Starkregen hier vielfach Lagergetreide entsteht, womit gleichfalls Ertragseinbußen verbunden sind. Als natürliche Vegetation ist auf den Löß-Parabraunerden mit dem Perlgras-Buchenwald zu rechnen. Bei den kieshaltigeren Böden, denen oft im Untergrund der kalkhaltige Löß fehlt, kommt der Eichen-Hainbuchenwald als natürlicher Bestand in Betracht.

Es wurde schon bei der Erörterung des Untergrundes darauf hingewiesen, daß der Ackerbau den größten Teil des Blattgebietes einnimmt, und daß dies ein Indiz für gute Bodenqualität ist. Die florierende Landwirtschaft, die ohne gute Bodenverhältnisse wohl ebenfalls die Ausnahme sein dürfte, äußert sich in zahlreichen Aussiedlerhöfen. In dieser Hinsicht macht allerdings das Gebiet zwischen Marxheim und Kriftel nordwestlich der A 66 eine Ausnahme, wo offensichtlich der Obstbau verbreitet ist. Die Gründe hierfür können nicht in Bodenunterschieden zu suchen sein, sondern vermutlich in speziellen Sozialstrukturen. Das zur Diskussion stehende Gebiet gehört überwiegend zur Gemarkung der Gemeinde Kriftel, deren Dorfkern kaum Bauerngehöfte der üblichen Größe erkennen läßt, etwa im Unterschied zu Diedenbergen.

Die umfangreiche Kiesausbeutung hat viele Hektar von Löß-Parabraunerden oder Parabraunerden aus stark lößlehmhaltigem Kies zerstört. Große Teile des ehemaligen Grubengeländes werden nach der Auffüllung und "Rekultivierung" wieder beackert. Ein Beispiel dafür gibt es südwestlich der Aussiedlerhöfe westlich von Hattersheim. Zwischen den Höfen und einer auf der Kartenausgabe 1985 als noch offen und mit einer Wasserfläche dargestellten Grube (südöstlich Pkt. 119,9) gab es früher weitere Gruben (vgl. geol. Karte), die heute aufgefüllt sind und wieder beackert werden. In aller Regel ist die Rekultivierung von schlechter Qualität, so daß an der Oberfläche reine Kiesstandorte mit Lehmstandorten wechseln und das auch im Saatenstand und im Ertrag seinen Niederschlag findet. Manche aufgefüllten Gruben werden indessen nur begrünt oder mit Buschwerk bepflanzt, ohne daß das immer im Kartenbild zum Ausdruck kommt (Beispiel: die künstliche Aufschüttung nördlich der B 40 zwischen Hochheim und Wicker).

Auf den Hängen, auf denen tertiärer Mergel zutage tritt, müßte ein Braunerde-Pelosol entwickelt sein, wie er ähnlich schon von den tonigen Standorten auf Blatt Eiterfeld beschrieben wurde. Da aber die Mergelhänge auf Blatt Hochheim fast alle sehr steil und zudem waldfrei sind, muß angenommen werden, daß zumindest die schluffreichen Oberböden weitgehend abgespült wurden. Hinzu kommt, daß ein großer Teil der Hänge als Weinberge genutzt wird und deshalb die Böden tiefgründig durchgearbeitet (rigolt) sind. Letzteres dürfte selbst für die Hänge zutreffen, die heute Streuobst tragen, wie etwa der östliche Hang des Wickerbachtales zwischen Breckenheim, Wallau, Delkenheim und Massenheim. Zumindest im Klimaoptimum des Mittelalters sind diese Hänge als Weinberge genutzt und die Böden entsprechend rigolt worden. Die Weinstandorte auf den Mergelböden gelten als besonders hochwertig, weil auf ihnen die sogenannten "Jahrhundertweine" gedeihen. Nur hier können sich auch in extrem trockenen und sonnigen Sommern die Trauben noch voll entwickeln, weil der rigolte tonige Boden nicht zu stark austrocknet. Eine der berühmtesten Weinlagen der Welt ("Hochheimer Domdechaney") liegt in der schwachen Hangeindellung südlich Hochheim a. M. bei ca. 120 m NN.

Für den Ackerbau stellen die Mergelböden ansonsten auch hier Problemstandorte dar (Minutenböden). In weniger geneigten Lagen sind sie zudem oft staunaß, so daß mit dem Vorkommen von Pseudogleyen selbst bei geringer Meereshöhe und wenig Niederschlag zu rechnen ist. Solche Standorte können meist nur als Grünland genutzt werden. Das dürfte beispielsweise für den flachen Anstieg zwischen dem Kassernbach und seinem linken Nebenbach nördlich der Straße Wallau-Diedenbergen zutreffen. Vernässung stellt sich außerdem oft dort ein, wo von der Oberfläche die Grenze Kies/Mergel geschnitten wird und Quellwasser austritt.

Auf den flacheren Teilen der Höhen nahe dem mittleren Nordrand des Blattes sind staunasse Böden zu erwarten, weil nicht nur höhere Niederschläge und das geringe Gefälle in dieser Meereshöhe mit entsprechenden Bodenbildungen korrespondieren, sondern weil es sich bei den Flachformen um Reste jungtertiärer Flächen mit tonigen Verwitterungsdecken handeln dürfte. Hiermit stimmt auch die stärkere Waldbedeckung des Gebietes überein. Die Ausnahme Bahnholz ist von der Karte her nicht befriedigend zu erklären. Der Name wird von "Bannwald" abgeleitet, der erst zu Beginn des 19. Jahrhunderts gerodet wurde (BAUER 1993: 155). Von der Bodenqualität her ist Ackerbau nicht empfehlenswert. Daß er betrieben wird, mag damit zusammenhängen, daß das flache Relief für ihn bessere Bedingungen bietet als die übrigen benachbarten Areale. Erstaunlicherweise sind jedoch in der Nähe liegende flache Partien auf dem nach Osten abfallenden Hang des Bahnholzes bewaldet. Hier ist, abgesehen vom günstigen Relief, auch mit guten Böden zu rechnen, denn in dieser Leelage muß zumindest stellenweise Löß liegen, was durch die kräftige Zerrunsung des Hanges zusätzlich wahrscheinlich gemacht wird. Diese zeigt aber zugleich eine frühere Beackerung an. Paradoxerweise erfolgt hier heute also die ackerbauliche Nutzung auf schlechten staunassen Böden, während der Wald auf Löß-Parabraunerden stockt. Früher war es umgekehrt und "standortgemäß" (vom Boden her gesehen). Das Argument, die Löß-Parabraunerden würden wegen der Zerrunsung nicht mehr beackert, ist nicht stichhaltig, denn die Karte weist gut erhaltene Verflachungen beiderseits der Runsensysteme aus. Es stellt sich der Verdacht ein, daß hier geodeterministische Erklärungsversuche nicht ausreichen und möglicherweise der Karte nicht entnehmbare historische Entwicklungen zu berücksichtigen sind.

Geodeterministisch günstigere Verhältnisse liegen westlich des Bahnholzes vor. Dort wird der flache Westhang des Kassernbachtales beackert, welcher sicher Löß-Parabraunerden trägt. Der steile lößfreie Osthang ist dagegen bewaldet. Im kleinen wiederholt sich das im Tälchen des Rohrgrabens westlich des Dachskopfes. Daß hier in beiden Fällen keine Runsensysteme erkennbar sind, überrascht nicht, denn auf rezenten Ackerfluren fehlen solche "Vorzeitformen" bekanntlich, weil sie in jüngerer Zeit durch die moderne Ackertechnik fast immer zu Kulturdellen umgewandelt wurden.

Die ökonomischen und ökologischen Qualitäten der Löß-Parabraunerden und ihrer Erosionsvarianten sind schon an den Beispielen aus den anderen Gebieten erörtert worden. Die staunassen Böden in diesen höheren Lagen mit präpleistozänem Untergrund bilden je nach Lößlehmgehalt saure Standorte mit mittlerem bis hohem Basengehalt und Eichen-Hainbuchenwald als natürlicher Vegetation. Bei Fichtennutzung ist mit Windwurfgefährdung zu rechnen, die durch Zweischichtigkeit der Böden (Deckschutt über Mittelschutt) verstärkt wird. Von Nachteil ist generell die späte Erwärmung der im Frühjahr häufig noch wassergesättigten Böden.

In den Auen der Nebentäler des Blattgebietes liegen, wie überall in den mitteleuropäischen Mittelgebirgen, Braune Auenböden, die im wesentlichen aus fluvial aufgearbeitetem Ackerkolluvium (Auenlehm) bestehen. Sie sind nährstoffreich, jedoch wegen der Hochwassergefahr im allgemeinen nur als Grünland nutzbar. Da der Grundwasserspiegel wegen der kräftigen Aufsedimentation relativ tief liegt, ist die Grasnarbe fest und erlaubt Weidenutzung.

4.4 Baugrund

Als guter Baugrund sind die Kiese der Main-Niederterrasse im Südosten des Blattes anzusehen. Sehr geringe Tragfähigkeit weisen dagegen die tonigen und torfigen Füllungen der Altläufe auf. Häufig werden solche instabilen Substrate von Kies und Hochflutlehm überdeckt, was zu Bauschäden bei ungenügender Baugrunderkundung führen kann. Die Schule südlich von Raunheim steht an einer entsprechenden Stelle. Der unmittelbar südlich des Hauptgebäudes ansetzende Altarm ist von einem jüngeren Altarm (heutige Wasserfläche nördlich der Schule) abgeschnitten und mit Hochflutlehm verschüttet worden, so daß er heute als Hohlform nicht mehr zu erkennen ist. Nicht nur wegen des unsicheren Baugrundes, sondern auch wegen des oft hohen Grundwasserstandes und der Überflutungsgefahr bei sogenannten "Jahrhunderthochwässern" sollte die Bebauung der Altarme unterbleiben. Gleiches gilt für die tiefliegende engere Umgebung des Mains. Die flußwärtigen Ränder der alten Ortskerne geben recht gut die Hochwassergrenze an. Diese stimmt indessen mit den Deichen nur sehr bedingt überein, denn bei größeren Hochwässern drückt das Wasser unter die Deiche durch und sammelt sich auf der flußabgelegenen Seite im tieferen Gelände.

Das übrige Gebiet bietet in flacher Lage keine großen Probleme hinsichtlich der Baugrundqualität, wenn berücksichtigt wird, daß der Löß bei starker Durchfeuchtung in Böschungen ausfließen, und der tertiäre Mergel durch Wechsel von Trocknung und Durchfeuchtung Bauwerke erheblich beschädigen kann. Die größten Schwierigkeiten entstehen, wenn Hänge im Mergel bebaut werden. Es ist damit zu rechnen, daß beispielsweise der gesamte Osthang des Wickerbachtales bereits im unbebauten Zustand instabil ist. Die über dem Mergel liegenden Kiese speichern Wasser, das vielfach auf den Hängen an der Grenze zum undurchlässigen Untergrund austritt und den Mergel vernäßt. Dieser beginnt zu rutschen. Bei Bebauung wird durch die Belastung dieser Vorgang noch gefördert. Nur mit aufwendigen Dränmaßnahmen und teuren Fundamentierungen kann hier Abhilfe geschaffen werden. Trotzdem gelingt es sehr oft nicht, die Hänge zu stabilisieren. So muß denn damit gerechnet werden, daß ein großer Teil der Neubauviertel von Delkenheim, Wallau und Breckenheim auf sehr problematischem Baugrund steht und deshalb von hohen Unterhalts- und Instandsetzungskosten nicht nur an Häusern, sondern auch an Verkehrswegen, Versorgungs- und Entsorgungsleitungen auszugehen ist. Das gilt selbstverständlich auch für die großen Verkehrswege wie Autobahn und Eisenbahn.

Bei der Besprechung des Baugrundes darf nicht unberücksichtigt bleiben, daß dieses Gebiet am Taunussüdrand und am Nordrand der Oberrheinischen Tiefebene den Übergang zwischen einem tektonischen Hebungs- und einem Senkungsgebiet darstellt und deshalb Bauwerkschäden durch tektonische Bewegungen nicht ausgeschlossen werden können.

Es ist schon erwähnt worden, daß verfüllte ehemalige Kiesgruben in Baugelände einbezogen wurden. In jüngerer Zeit häufen sich Fälle, in denen bei Ausweisung von Baugelände, Straßentrassen etc. ehemalige Kiesgruben nicht bekannt waren. Probleme entstehen dann bei der Bebauung nicht nur durch den wenig belastbaren Untergrund, sondern oft auch dadurch, daß hochkontaminierte Stoffe angetroffen werden.

4.5 Lagerstätten

Als abbauwürdige Lagerstätten sind an präquartären Gesteinen auf dem Blattgebiet in jüngerer Zeit nur tertiäre Kalksteine von Bedeutung, die offensichtlich im großen Steinbruch westlich Flörsheim abgebaut werden. Der direkte Gleisanschluß an die Bahnstrecke Frankfurt a. M. - Wiesbaden sowie das Fehlen einer spezifischen Fabrik (Kalk- oder Zementwerk) lassen vermuten, daß die Verarbeitung des Kalksteins außerhalb des Blattgebietes erfolgt. In der Ziegelhütte am Südrand des Steinbruchs sind wahrscheinlich tertiäre Mergel verarbeitet worden. Auf der Kartenausgabe 1985 finden sich im Unterschied zu älteren Ausgaben aber keine Gebäude mehr, die zu einer entsprechenden Fabrikationsanlage gehören könnten. In enger Beziehung zur keramischen Industrie, die tertiäre Mergel oder Tone verarbeitet, steht möglicherweise die Keramag-Fabrik südlich der Ziegelhütte. Südwestlich von Marxheim gibt es einen Hinweis auf ehemaligen Bergbau. Älteren Karten (z. B. 1960) ist zu entnehmen, daß es sich hier um die ehemalige Braunkohlengrube Emma handelt, in der Flöze im oligozänen Mergel abgebaut wurden.

Die mit Abstand größte Bedeutung hinsichtlich der Lagerstättennutzung hat jedoch der Kiesabbau. Hierfür werden einmal die Niederterrasse des Mains und wahrscheinlich auch deren kiesiger Untergrund herangezogen, zum anderen die älteren Mainterrassen zwischen Hattersheim und Weilbach sowie zwischen Hochheim und der A 66 westlich des Wickerbachtales. Der Mainkies zeichnet sich durch vorzügliche Sortierung und hohen Quarzsandanteil (aufgearbeiteter Buntsandstein) aus. Daß diese Eigenschaften sich zum Taunus hin durch die Beimengung von Tonschiefer verschlechtern, wurde schon erwähnt und als mögliche Ursache der geringen Zahl von Kiesgruben nördlich der A 66 angeführt.

Zur Erklärung des weitgehenden Fehlens des Kiesabbaues auf der tektonischen Hochscholle zwischen Massenheim, Wicker und Weilbach könnte die Annahme einer wahrscheinlich schon primär geringeren Kiesmächtigkeit auf der Hochscholle dienen, die dadurch zustande gekommen sein könnte, daß Hebung zur Sedimentationszeit erfolgte. Nicht mit dieser Deutung in Übereinstimmung zu bringen ist allerdings die geringe Kiesmächtigkeit westlich der Hochscholle, also auf der anderen Seite des Wikkerbachtales. Hier wird trotz des offensichtlich nicht sehr mächtigen Kieses in relativ flachen Gruben verbreitet abgebaut. So ist denn die fast völlig fehlende Abbautätigkeit auf der Hochscholle vom Kartenbild her nicht befriedigend zu erklären.

Mit Sicherheit darf dagegen angenommen werden, daß die deutliche Zweiteilung des Kiesgrubengeländes östlich Weilbach durch eine stark mit Löß verkleidete Terrassenkante verursacht wird, in deren Bereich der Kiesabbau wegen der hohen Abräumkosten derzeit noch unrentabel ist.

Nicht in dieses Bild passen indessen die Gruben südöstlich des Zeils-Berges am Krifteler Autobahn-Dreieck. Sie sind im oberen Teil eines flachen ostexponierten Hanges angelegt, der von einer Terrassenfläche bei ca. 130 m NN auf eine jüngere bei ca. 110 m NN überleitet und dessen Untergrund zweifellos aus mächtigem Löß besteht. Auf älteren Kartenausgaben (z. B. 1960) ist hier eine Ziegelei eingetragen, die die obige Folgerung bestätigt und zugleich auf eine weitere Lagerstättennutzung verweist, die in früherer Zeit sicher viel weiter im Blattgebiet verbreitet war: Löß als Ziegelrohstoff. Nicht immer bedeutet der Eintrag "Ziegelei" indessen, daß Löß abgebaut wird. Es kann sich auch um tertiäre Tone oder Mergel handeln. Die auf der Ausgabe 1960 angegebene Ziegelei im Dünengebiet östlich Raunheim ist als Hinweis auf ein Kalksandsteinwerk zu werten, das Sand abbaut.

Der Abbau von Löß hat auch nicht annähernd den Umfang des Kiesabbaus erreicht und nicht im entferntesten dessen gewaltige Landschaftsschäden zur Folge gehabt. Der Kiesabbau ist mit Abstand die Lagerstättennutzung, die den größten Landschaftsverbrauch fordert. Neben dem reinen Flächenverbrauch sind in diesem Zusammenhang ja nicht nur der Verbrauch an Boden, sondern auch die bereits aufgeführten Eingriffe in den Wasserhaushalt von Bedeutung. Auch durch "Renaturierung" können solche Schäden nicht beseitigt werden, insbesondere dann nicht, wenn Feuchtökotope mit offener Wasserfläche eingerichtet werden. Diese führen zu beträchtlichen Verdunstungsverlusten und stellen außerdem ein Ökotop dar, das der vorherigen Ackerlandschaft genausowenig adäquat ist wie dem ursprünglichen Perlgras-Buchenwald oder Eichen-Hainbuchenwald. Ein entsprechendes Negativbeispiel dürfte mit der begrünten Kiesgrube am Froschpfuhl östlich Weilbach gegeben sein.

4.6 Deponien

Kiesgrubennutzung hat fast zwangsläufig noch eine andere umweltbelastende Folge: die Deponienutzung. Viele frühere Kiesgruben sind erfahrungsgemäß - im vorliegenden Blattbeispiel durch Kartierung belegt - als wilde Müllkippen benutzt worden oder finden heute noch als ordnungsgemäße Deponien Verwendung. Man vergleiche dazu die großen Anschüttungsflächen, die sich zwischen der Straße Hochheim-Massenheim und der B 40 über die Umgebung erheben. Älteren Kartenausgaben ist zu entnehmen, daß hier Kiesgruben bestanden, in denen teilweise das Grundwasser angeschnitten war. Kontaminationen sind in solchen Fällen auch mit größeren Schutzmaßnahmen nicht zu vermeiden und finden - wie sich mehrfach bestätigte - auch statt. Sie sind besonders dann gefährlich, wenn im Untergrund nicht dichte Mergel, sondern durchlässiger Kalkstein ansteht, der zudem noch von Karsthohlräumen durchsetzt sein kann (SEMMEL 1977:75). Solche Hohlräume können sogar in kalkreichen Mergeln vorkommen, die ansonsten als Deponiestandort wesentlich besser geeignet sind. Das gilt auch für das Rotliegende im Norden des Blattes. Hier gibt es sogar einen Aufschluß in dem teilweise recht undurchlässigen Gestein. Am Waldrand östlich Breckenheim ist dieses Gestein früher abgebaut worden. Bei einer Deponienutzung sollte aber beachtet werden, daß der untere Teil eines auffallend gerade verlaufenden Nordwest-Südost streichenden Hanges angeschnitten ist. Bereits Form und Verlauf des Hanges legen den Verdacht nahe, daß er einer Verwerfung folgt, was tatsächlich zutrifft (vgl. geologische Karte). Über die durchlässige Störung könnte leicht durch Sickerwässer das Grundwasser kontaminiert werden.

Für die Anlage von Hochdeponien sind am ehesten die Reste tertiärer Flächen auf dem Bahnholz und dessen Umgebung am Nordrand des Blattes zu empfehlen, weil wahrscheinlich noch Reste toniger Verwitterungsdecken verbreitet vorkommen. Doch muß der Anlage einer solchen Deponie eine sehr eingehende Untersuchung vorausgehen, ob wirklich mit durchgehend dichtem Untergrund zu rechnen ist, können doch leicht in Dellen durchlässigere Gesteine, etwa tertiäre Kiese, angeschnitten oder der Untergrund durch tektonische Störungen wasserwegsam geworden sein (vgl. dazu SEMMEL 1992:49 ff.). Ähnliche Probleme entstehen dann, wenn Dellen und Runsensysteme mit Abfall aufgefüllt werden, wie beispielsweise Teile der Runse südlich des Friedhofes im Hinterwald westlich Hofheim oder die Delle mit Gerinne südlich des Polischen Berges (südlich Kriftel, westlich der A 66). Proteste wird in jedem Fall die Absicht hervorrufen, auf dem weithin sichtbaren Bahnholz eine Hochdeponie einzurichten, ist doch die Landschaft des Blattbereiches schon jetzt ziemlich verunstaltet worden. Obwohl oder gerade weil noch der natürliche Landschaftsrahmen erkennbar ist, wird die anthropogene Belastung um so deutlicher. Sie äußert sich in der Auswucherung der Ortschaften, deren alte Kerne mit riesigen Neubaugebieten umgeben sind, in denen Einfamilien- oder Reihenhäuser vorherrschen. Neubauviertel mit Mehrfamilienhäusern sind weniger oft gebaut worden. Einen größeren Flächenanteil als sie haben die Industriegebiete, über die die Mehrzahl der Gemeinden verfügt. Beträchtlich ist auch die Fläche, die für die vorzügliche Verkehrserschließung verbraucht wurde. Außerdem beanspruchen noch zahlreiche Sportstätten Platz.

Insgesamt ist der Anteil der bebauten Fläche für eine nicht großstädtische Region sehr hoch. Daraus ergeben sich erhebliche Veränderungen im Landschaftshaushalt, insbesondere gegenüber Boden, Wasserhaushalt und Klima. Die starke Bodenversiegelung fördert den Oberflächenabfluß und die Hochwassergefährdung, verringert die Grundwasserneubildung, verschlechtert das Klima durch den Aufheizeffekt. Auf die Belastung des Wasserhaushalts mit Abwässern ist bereits eingegangen worden. Eingehendere Betrachtung erfordern dagegen noch einige klimatische Aspekte.

Bekanntlich sind in den dicht besiedelten Beckenlagen Inversionswetterlagen mit Smogbildung im Winter relativ häufig. Im Sommer führt häufige Windstille zur starken Aufheizung und nur schwacher nächtlicher Abkühlung. Dieser Effekt wird durch die nächtliche Wärmeabstrahlung der bebauten Flächen noch verstärkt. Milderung können Frischluftströme aus den benachbarten Höhenlagen, in unserem Fall aus dem Taunus, bringen. Die stärkste Abkühlung erfolgt aber über den Ackerflächen, von denen Kaltluftströme in die Täler abfließen. Deren Funktion als Frischluftschleusen sollte deshalb erhalten bleiben. Gegen diese seit langem erhobene Forderung verstießen beispielsweise die Stadt Hofheim und die Gemeinde Kriftel in eklatanter Weise, indem sie die Schwarzbachaue mit großvolumigen Gebäuden zubauten. Dabei ist in diesem Fall weniger von Bedeutung, ob es sich um öffentliche Gebäude (Schulen etc.) oder Industrieanlagen handelt. Nur bei stark emittierenden Anlagen sollte die Belastung durch vorherrschende Südwestwinde beachtet werden. Andererseits ist noch umstritten, ob nicht die Belastung durch unsaubere Luft bei austauscharmen Wetterlagen, die in der Regel mit schwachem Ostwind verbunden sind, für die Anwohner als unangenehmer angesehen werden muß.

Insgesamt zeigt das Blatt Hochheim in anschaulicher Weise die Belastungen der Landschaft in einer Verdichtungsregion im Gegensatz zum nahezu industriefreien Blatt Eiterfeld. Um die Nutzung der Flächen konkurrieren Siedlungs-, Industrie- und Verkehrswegebau, Land- und Forstwirtschaft, Lagerstättenabbau, Deponienutzung und Naherholung. Schließlich müssen wohl auch manche "Naturschützer" mit ihren Vorlieben für die Einrichtung an sich landschaftsfremder Ökotope als Landschaftsverbraucher und Verursacher von Landschaftsschäden angesehen werden.

Literatur zu Kapitel 4

BAUER, A. (1993): Bodenerosion in Waldgebieten des östlichen Taunus in historischer und heutiger Zeit - Ausmaß, Ursachen und geoökologische Auswirkungen. - Frankfurter geowiss. Arb., **D 14**: 194 S.; Frankfurt a. M.

KÜMMERLE, E. & SEMMEL, A. (1969): Erl. geol. Kt. Hessen 1:25 000, Bl. 5916 Hochheim a. M., - 3. Aufl.: 209 S.; Wiesbaden.

SEMMEL, A. (1970): Bodenkarte von Hessen 1:25 000, Bl. 5916 Hochheim a. M.; Wiesbaden.

SEMMEL, A. (1977): Geowissenschaftliche Karten und ihre Anwendung bei der fachwissenschaftlichen Lehrerausbildung. - Frankfurter Beitr. Did. Geogr., **1**: 70-75; Frankfurt a. M.

SEMMEL, A (1992): Geomorphologische Untersuchungen an potentiellen Standorten für Hochdeponien im Taunus. - Bonner geogr. Abh., **85**: 45-54; Bonn.

5 Blatt 7931 Landsberg a. Lech

Im Gegensatz zu den bisher erläuterten Blättern sind auf dem Blatt Landsberg a. Lech die vorherrschenden Strukturen offensichtlich nicht vom tektonischen Grundmuster geprägt. Zwar ist eine grobe Dreiteilung zu erkennen, die sich an ungefähr Nord-Süd verlaufenden Grenzen orientiert und aus einem mittleren, fast ausschließlich landwirtschaftlich genutzten Teil besteht, den im Osten und Westen Gebiete mit stärkerer Bewaldung flankieren. Die genauere Betrachtung zeigt aber, daß der südliche Teil des landwirtschaftlichen Streifens vom Relief her dem östlichen bewaldeten Gebiet zuzuordnen ist. Dessen Relief wird durch große Unübersichtlichkeit gekennzeichnet. Viele kleine Hügel wechseln mit abflußlosen Hohlformen. Trotzdem läßt sich feststellen, daß generell die absolute Höhe dieses Gebietes von fast 700 Metern im Süden auf weniger als 600 Meter im Norden abnimmt. Ähnlich dachen der deutlich schwächer reliefierte mittlere Teil des Blattes und der weitgehend ebene Westteil von Süden nach Norden ab. Hierin äußert sich die tektonische Muldenstruktur des nördlichen Alpenvorlandes, die großenteils von Süden her schwemmfächerartig mit Abtragungsschutt der Alpen gefüllt wurde. Der Lech als Hauptvorfluter des Blattgebietes folgt dem auf diese Weise vorgegebenen Gefälle, das wegen seiner Größe für die Energiegewinnung genutzt werden kann.

Die allgemeine Nord-Süd-Abdachung wird von einer quer dazu laufenden überlagert. Die größten Höhen im Blattgebiet liegen nahe dem Ostrand, der mittlere Teil weist deutlich geringere Höhe auf, aber doch noch größere als das westlich vom Lech gelegene Terrain. Die Ursache für diese Quergliederung verrät schon eine der kleinmaßstäbigen geologischen Karten in den Schulatlanten: Blatt Landsberg gibt einen Ausschnitt der glazialen Aufschüttungslandschaft des bayerischen Alpenvorlandes wieder, und zwar den Westrand des Isar-Vorlandgletschers mit seinem westlichen Ausläufer, dem Ammerseegletscher. Die äußerste Endmoräne nimmt den Ostteil des Blattes Landsberg ein. Sie reicht von der Nordostecke (H 5329) bis in die westliche Umgebung von Stoffen am Südrand (R 2217) des Blattes.

Der Abfolge der "glazialen Serie" entsprechend müßte vor dieser Endmoräne ein nach Westen abfallendes Sanderfeld entwickelt sein. Das trifft indessen für den größten Teil des mittleren Blattgebietes, um das es sich in diesem Fall handelt, nicht zu, vielmehr ist das praktisch waldfreie Gelände von vielen flachen Hügeln überzogen, die flacher als die in der Endmoräne sind. Ähnlich wie dort läßt sich, wenn auch viel schwächer, eine Nord-Süd-Orientierung der Hügel und Rücken erkennen. Es könnte sich um ältere Endmoränen handeln, deren Relief primär schon flacher war und durch periglaziale Überformung einschließlich Lößüberdeckung während der letzten Eiszeit weiter verflacht wurde. Der Löß ließe sich zudem als eine wesentliche Ursache für die offensichtlich gute Bodenqualität anführen, die dem intensiven Ackerbau in diesem Gebiet zugrunde liegen dürfte.

Eine Lößdecke und entsprechend gute Böden fehlen sehr wahrscheinlich westlich des Lechs. Das ebene Gelände, die vielen Kiesgruben und die stärkere Bewaldung zeigen eine lößfreie jungpleistozäne Niederterrasse an, in die sich der Lech mehrstufig analog zu den übrigen Alpenvorlandsflüssen eingeschnitten hat. Die Niederterrassenfelder im Alpenvorland sind so übersteilt schwemmfächerartig aufgeschüttet, daß bei nachlassender Sedimentfracht in der ausgehenden Eiszeit und im Holozän generell Zerschneidung dominierte. In Zeiten, in denen aus klimatischen Gründen die Gletscher in den Alpen wieder vorstießen, wurde die Zerschneidung von Akkumulationsphasen unterbrochen.

5.1 Gestein

Insgesamt darf angenommen werden, daß dominierendes Gestein im Untergrund glazifluvialer Kies ist. Das sollte nicht nur für das Niederterrassengebiet westlich des Lechs gelten, sondern auch für das mittlere Alt- und für das östliche Jungmoränengebiet, denn ein großer Teil der Moränen besteht ebenfalls aus kiesigem Material und unter den Moränen ist mit dem Vorkommen von Vorstoßschottern zu rechnen, die während des Vorrückens der Gletscher aufgeschüttet wurden. Petrographisch handelt es sich um stark kalkhaltige Sedimente, denn sämtliche Vorlandgletscher brachten aus den randlichen Kalkalpen in großem Umfang Kalksubstrate mit. Im einzelnen ist jedoch mit Differenzierungen im Untergrund zu rechnen, die sich erheblich auf den Landschaftshaushalt auswirken können.

In der jungen Endmoräne im Osten dürfte dann Kies vorliegen, wenn Trockentäler und Bachversickerungen zu beobachten und abflußlose Hohlformen nicht versumpft sind. Leider weist die Karte (Ausgabe 1984) für den letztgenannten Fall nur unzureichende Genauigkeit auf, was heißen soll, daß in Wirklichkeit viele Formen versumpft sind, die auf der Karte keine entsprechende Signatur tragen. Wenn eine Hohlform als versumpft angegeben wird, darf allerdings angenommen werden, daß hier nicht Kies, sondern undurchlässiger Geschiebemergel oder sogar aufgestauchtes toniges Tertiär den Untergrund bildet. Gleiches kommt für Talstrecken mit perennierendem Gerinne in Betracht, beispielsweise für den Bach westlich Schöffelding. Anders wird es sich bei dem Gerinne südlich davon verhalten, das dem Wiesengelände nordöstlich Westerschondorf ansetzt. Sein zumindest partiell geradstreckiger, andererseits gewinkelter Lauf deutet auf künstliche Anlage hin. Wahrscheinlich dient es der Entwässerung des Geländes beiderseits seines oberen Laufabschnitts, hier ist deshalb toniger Untergrund anzunehmen. Beide Wasserläufe liegen im Bereich einer Wasserscheide, die im Endmoränenzug ausgebildet ist. Der östlichste Teil des Blattgebietes ist hier nicht mehr dem Lech tributär, sondern wird nach Osten hin entwässert.

Diese Wasserscheide wird von dem Tälchen gequert, an dessen nördlichem Rand Westerschondorf liegt. Im Wasserscheidenbereich östlich davon weist das bereits erwähnte künstlich entwässerte Gelände auf undurchlässigen Untergrund hin. Hier gab es wahrscheinlich einen Gletscherhalt, von dem aus Kies durch die Schmelzwässer in das westlich anschließende, in Richtung Schwifting laufende Tälchen geschüttet wurde. Während bis zum Gletscherhalt, also bis zur heutigen Wasserscheide, noch Geschiebemergel als undurchlässiger Untergrund zu vermuten ist, müßte westlich davon durchlässiger Kies liegen. So ließe sich erklären, daß das Tälchen heute keinen Wasserlauf aufweist. Nur dort, wo westlich Westerschondorf ein älterer Endmoränenzug gequert wird, zeigen zwei Teiche bei km 7 an, daß wiederum undurchlässiger Untergrund nahe an den Boden des Tälchens kommt.

Das Tälchen läuft am westlichen Rand der Endmoräne auf einem flachen Schwemmfächer aus, der von Süden kommt und zwischen Penzig und Oberbergen nach Nordwesten in Richtung Epfenhausen zieht. Zahlreiche flache Gruben, in denen oft das Grundwasser angeschnitten wird, lassen sich als Kiesabbaue und als Bestätigung für kiesigen Untergrund interpretieren (am Waldrand südlich Westerschondorf, westlich davon bei Pkt. 628,6, nordöstlich Schwifting und südöstlich Penzig). Zwischen Penzig und dem östlich davon liegenden Hain-Feld quert die Schwemmfächerebene mit den jungpleistozänen Kiesen die flachhügelige Altmoränenlandschaft. Von hieran zeigt zunehmende Wiesennutzung auf den Kiesen an, daß das Grundwasser immer näher an die Oberfläche rückt. Zwecks Entwässerung wurden Drainagegräben angelegt (zwischen Untermühlhausen und Epfenhausen). Vermutlich kommt hier der undurchlässige Tertiärsockel, der im Untergrund der glazialen Sedimente im Alpenvorland anzutreffen ist, schon in die Nähe der Oberfläche.

Die Grenze zwischen land- und forstwirtschaftlicher Nutzung nimmt offensichtlich häufig keine Rücksicht auf die Bodenverhältnisse und erlaubt deshalb in solchen Fällen keinen sicheren Rückschluß auf den Untergrund. Als Beispiel läßt sich das Schwemmfächergebiet östlich Schwifting anführen, wo auf dem Schwemmfächerkies sowohl Ackerbau als auch Forstwirtschaft betrieben werden. Die Waldgrenze folgt hier aber auch nicht der Gemarkungsgrenze.

Ein weiterer jungpleistozäner Schwemmfächer mit kiesigem Untergrund setzt an dem Tälchen westlich Schöffelding an und zieht östlich von Ramsach nach Norden. Auch in ihm liegen Kiesgruben. Schließlich kommt ein wiederholt von Kiesgruben aufgeschlossener Schwemmfächer aus der Endmoräne östlich Pürgen im Süden des Blattes. Er hat südöstlich Lengenfeld eine Höhe von 660 m NN und fällt über 640 m östlich Pürgen bis auf 625 m NN östlich Schwifting, wo das von Westerschondorf kommende Tälchen auf ihm ausläuft. Kurz vorher erhält er Zufuhr durch das Tälchen, dem der Feldweg von Hofstetten nach Reisch folgt, und das ebenfalls den Endmoränenzug unterbricht. Es hat Anschluß an eine Kiesfläche westlich Hofstetten, die vor einem weiteren Endmoränenzug ausgebildet ist. Auf dessen Höhen liegt Hofstetten.

Das Gebiet, das den südlichen Teil des fast ausschließlich landwirtschaftlich genutzten mittleren Streifens des Blattbereiches einnimmt, ist etwas schwächer reliefiert als die Endmoränenzüge im Osten. Dennoch weist es deutliche Unterschiede zum übrigen Teil des mittleren Streifens auf. Die Hügel sind steiler - man vergleiche den Gagel-Berg nordöstlich Pürgen und die viel flacheren Höhenzüge nordwestlich davon. Weiterhin kommen auch hier wiederholt kleine abflußlose Hohlformen vor, die verbunden mit einem insgesamt unruhigen Relief das typische Merkmal der jungen Endmoräne sind. Ein weiterer Hinweis auf Jungmoränenlandschaft wird scheinbar durch das noch nicht an einen Vorfluter angeschlossene perennierende Gerinne östlich von Stoffen und Ummendorf gegeben, doch hat dieses in Wirklichkeit Zugang zu einem Trockentälchen, das in die Altmoränenlandschaft nördlich Pürgen führt. Das Gerinne versickert dort im durchlässigen Untergrund, während es vorher im Geschiebemergel oder ähnlich dichteren Sedimenten fließt. Auf einen undurchlässigen Untergrund weisen hier außerdem die Entwässerungsgräben westlich Ummendorf hin, die in das perennierende Gerinne münden. An anderen Stellen (westlich Stoffen) zeigen Gruben an, daß sehr wahrscheinlich kiesige Moräne vorliegt, deren Kies abgebaut wird. Dagegen ließe sich einwenden, daß es sich um Mergelgruben handeln könnte, die zu Düngungszwecken angelegt wurden. Doch erfordern die Böden auf den Jungendmoränen wegen ihrer geringen Entkalkungstiefe im allgemeinen keine zusätzliche Kalkung, eine Information, die dem Kartenblatt nicht zu entnehmen ist. Auch die Kiesgrubennutzung darf mit gewissen Einschränkungen als weiteres Indiz für das Vorliegen einer jungpleistozänen Endmoräne gewertet werden, denn in der Altmoränenlandschaft gibt es wegen der Lößüberdeckung und der stärkeren Verwitterung seltener Kiesabbau.

Der Untergrund der nördlich von Pürgen beginnenden Altmoränenlandschaft ist wohl überwiegend aus Kies aufgebaut, denn sonst ließe sich nicht recht erklären, weshalb in dem gesamten Gebiet, mit Ausnahme der östlichen Umgebung von Reisch, Wasserläufe fehlen. Statt dessen wird das Gebiet durch eine Vielzahl von Trockentälchen und Dellen charakterisiert. Nur selten kommen abflußlose und dann meist sehr flache Hohlformen vor. Im Norden sind zwei der größeren Tälchen so tief eingeschnitten, daß sie im Unterlauf die Grundwasseroberfläche erreichen und perennierende Gerinne führen (östlich und südwestlich Untermühlhausen). Hier dürfte, wie schon betont wurde, der stauende tertiäre Untergrund relativ dicht an die Oberfläche kommen.

An den Tälchen, die Süd-Nord orientiert sind, zeigen sich Phänomene, die den Altmoränencharakter der umgebenden Landschaft bestätigen: Sie sind periglazial asymmetrisch. Dem steilen bewaldeten Osthang liegt ein flacher beackerter und sicher mit Löß bedeckter Westhang gegenüber. Die Asymmetrie kann in abgeschwächter Form talaufwärts bis nördlich der E 61 westlich des Anschlusses Landsberg-Ost verfolgt werden. Der Ziegelstadel nördlich des kasernenartigen Gebäudekomplexes baut mit Sicherheit Löß oder Lößlehm auf dem Westhang des dortigen Tälchens ab. Wegen der großen Meereshöhe ist anzunehmen, daß hier kalkhaltiger Löß allenfalls vereinzelt vorkommt, und in der Regel Lößlehm in geringer Mächtigkeit die Hänge bedeckt. Die geringe Dicke des Lösses ist außerdem der sehr flachen Abbaukante zu entnehmen, die auf der Karte nordwestlich des Ziegelstadels eingetragen ist. Auf dem steilen Osthang erlaubt die Lößfreiheit den Abbau der kiesigen Grundmoräne oder der unter ihr liegenden älteren Vorstoßschotter. Die sehr kleinen Gruben, die zum Teil schon aufgelassen sind, lassen sich als Hinweis darauf interpretieren, daß wahrscheinlich nur für lokale Zwecke Kies gewonnen wird, der nicht guter Qualität sein muß.

Die gleiche Asymmetrie zeigen das Tälchen östlich Untermühlhausen und die Delle nördlich Penzig. Im ersten Fall wird der lößfreie Osthang offensichtlich wiederum für den Abbau der kiesigen Altmoräne genutzt.

Dem Schema der periglazialen Asymmetrie und den daraus gezogenen Folgerungen hinsichtlich der Beschaffenheit des Untergrundes widerspricht jedoch scheinbar die große Delle, die südöstlich von Landsberg am Freienfelder Weg beginnt. Ihr Westhang ist wesentlich steiler als der Gegenhang. Wahrscheinlich wirken sich hier jedoch die Vorformen der Altmoräne aus. So könnte etwa ein Nord-Süd orientierter, besonders hoher Moränenstrang, dessen Neigung zum östlich anschließenden Zungenbekken sehr steil war, eine glaziale Vorform dargestellt haben, die von der periglazialen Formung und der damit verbundenen Lößüberdeckung während der letzten Kaltzeit nicht ausgeglichen wurde. In solchen Formen muß damit gerechnet werden, daß auf dem steileren Westhang Löß liegt, während auf dem flacheren Osthang Kies oder Geschiebemergel zutage treten. Die Flachheit der Grube südlich von Pkt. 649 deutet auf Lößabbau hin.

Unter der Altmoräne sind die Vorstoßschotter der gleichen Kaltzeit zu erwarten. Sie könnten am östlichen Steilufer des Lechs aufgeschlossen sein und in entsprechend tief angelegten Gruben abgebaut werden oder abgebaut worden sein, etwa in der aufgelassenen Grube südlich Pitzling. Auch in der sehr tiefen Grube südlich des schon erwähnten kasernenartigen Komplexes westlich Penzing werden wahrscheinlich diese Kiese erreicht.

Der Untergrund westlich des Lechs wird - wie schon eingangs ausgeführt - von den Kiesen der Lech-Niederterrassen aufgebaut. Doch sind auch Differenzierungen aufgrund der Tatsache zu erwarten, daß ein terrassenartiger Aufstieg von der heutigen Aue nach Westen zur Hauptfläche der Niederterrasse erfolgt, der mit Sedimentunterschieden verbunden sein kann. So ist an der südlichen Blattgrenze bereits unmittelbar an dem hier künstlich gestauten Lech eine deutliche Geländekante zu erkennen. Obwohl die Oberfläche östlich davon bereits vor dem Staustufenbau einige Meter über dem Flußbett gelegen haben dürfte, ist nicht auszuschließen, daß die unter ihr liegenden Kiese von mächtigem Auenlehm bedeckt sind, der bekanntlich auch im nördlichen Alpenvorland infolge von Rodungen bereits in größerem Umfang in römischer und vorrömischer Zeit entstand.

Bis zur Bahnlinie Landsberg-Weilheim folgen zwei weitere Terrassenstufen und schließlich westlich der Bahnlinie die Stufe zur Hauptfläche der Niederterrasse, an deren Rand eine Kiesgrube angelegt ist. Auf diesen höheren und älteren Stufen wird wahrscheinlich kein Auenlehm mehr anzutreffen sein, aber geringmächtige kalkhaltige Hochflutlehme kommen auf Terrassen entsprechenden Alters im Alpenvorland durchaus vor. Ihre Entkalkung schreitet mit zunehmendem Alter, also mit zunehmender Höhe über der heutigen Aue, voran und dürfte auf den ältesten Niveaus bis in die Kiese eingegriffen haben. Ganz sicher gilt das für die Hauptfläche der Niederterrasse. Die unterschiedliche Beschaffenheit der Hochflutlehme ist möglicherweise mitentscheidend für manche Nutzungswechsel, so zum Beispiel für den an der höchsten Kante am Südrand des Blattes bei der erwähnten Kiesgrube.

Die verschiedenen Terrassenstufen konvergieren flußabwärts, weil das Gefälle der Niederterrassen und die postglaziale Einschneidung des Lechs abnehmen. Im Stadtgebiet von Landsberg sind von den fünf Terrassenstufen am Blattsüdrand nur noch drei übrig geblieben. Am nördlichen Blattrand ist schließlich nur noch eine deutlich ausgebildet, die teilweise aber auch verschwindet, wohl weil sie infolge jüngerer Überflutungen überschüttet wurde. Östlich des Lechs sind generell nur kleinere Reste der verschiedenen Terrassenniveaus erhalten geblieben, weil der Fluß auch während des Holozäns zur Ostwanderung tendierte. Am östlichen Steilhang ist zu erwarten, daß unter jungpleistozänem Löß die Kiese oder der Geschiebemergel der Altmoräne und darunter die Vorstoßschotter aufgeschlossen sind. Unter diesen kann sandiges oder toniges Tertiär liegen (Molasse). Eine solche Abfolge von gut durchlässigen und dichten Sedimenten hat im allgemeinen an Hängen Rutschungen zur Folge. Ei-nen gewissen Hinweis hierauf könnten der "knittrige" Isohypsenverlauf und der "Zickzackverlauf" des Fußweges am Steilhang unmittelbar nördlich des Landsberger Stadtkerns geben. Dagegen scheinen die beiden kleinen Hangvorsprünge nördlich des Eibers-Berges (südlich Pitzling) keine Rutschungsschollen zu sein, denn ihnen fehlen Abrißnischen. Hier können Hangklippen vorliegen, die aus kalkverkitteten älteren Kiesen (Nagelfluh) bestehen. Als ein weiterer Hinweis auf Wechsel zwischen hangenden durchlässigen und liegenden dichten Gesteinen sind die am Hang beginnenden Gerinne in Pitzling, in Pößingerau und westlich des Dominihofes nördlich Landsberg sowie die im gleichen Bereich austretenden Quellen anzusehen.

Die jüngsten Sedimente im Blattgebiet liegen sicher im Hochwasser- und Einstaubereich des Lechs sowie mit den Ackerkolluvien vor. Letzere werden vor allem in den Dellen der fast ausschließlich ackerbaulich genutzten Altmoränenlandschaft des mittleren Blattstreifens verbreitet sein.

5.2 Wasserhaushalt

Der Wasserhaushalt wird im Blattgebiet einmal von den hohen Niederschlägen im Stauraum nördlich der Alpen und der wegen der großen Meereshöhe relativ geringen jährlichen Temperaturmittel geprägt sein, zum anderen durch die, sieht man einmal vom Lechtal ab, wenig reliefierte Landschaft und den überwiegend durchlässigen Untergrund. Flaches Relief und durchlässiger Untergrund sind die Ursache dafür, daß trotz hoher Niederschläge und geringer Verdunstung kaum perennierende Wasserläufe vorkommen. Dort, wo in der kleinräumig stärker reliefierten Jungmoräne undurchlässige Geschiebemergel oder vielleicht auch tertiäre tonige Sedimente an die Oberfläche treten und staunasse Böden vorkommen können, verhindert Bewaldung größeren Oberflächenabfluß. Zudem hat sich hier - wie allgemein in der Jungmoränenlandschaft - in postglazialer Zeit noch kein zusammenhängendes Gewässernetz ausbilden können. Selbst in der nicht bewaldeten Umgebung von Ummendorf und Stoffen, wo ein perennierendes Gerinne fließt und die undurchlässigen Böden drainiert werden, versickert der Bach, sobald er in der Delle südlich Pürgen offenbar durchlässigen Untergrund erreicht.

Staunasse Böden sind aber im Gebiet der Jungendmoräne ohnehin eher die Ausnahme, denn die Mehrzahl der Moränen im Alpenvorland enthält einen hohen Anteil von Sand und Kiesen. Zwar bildete sich auf diesen kalkhaltigen Substraten generell eine Parabraunerde mit einem recht tonigen Bt-Horizont, der wirkt sich jedoch wegen seiner geringen Mächtigkeit und seines hohen Gehaltes an nicht verwitterten, nichtkarbonatischen Restgeröllen kaum stauend aus. Die stauende Wirkung verschwindet ganz, wenn auf beackerten Moränenrücken der gesamte Boden erodiert ist.

Im Altmoränengebiet sind demgegenüber Böden mit deutlich geringerer Durchlässigkeit zu erwarten. Die flachen Hügel und Rücken tragen überwiegend eine dünne Lößdecke, nur an wenigen, meist westexponierten Hängen kommt die kiesige Moräne zum Vorschein. Der Löß in der Nähe der Jungmoränenlandschaft wird im nördlichen Alpenvorland auch als "Staublehm" bezeichnet. Er ist meist sehr feinkörnig, kalkfrei und dicht gelagert. Trotzdem sind stark staunasse Böden nicht dominant. Im besser drainierten hügeligen Gelände fehlen sie oft völlig. Deshalb muß für unser Gebiet damit gerechnet werden, daß die Durchlässigkeit der Lößareale nicht allzu gravierend im Vergleich zu den Jungmoränen abfällt. Ingesamt dürfte dennoch die Grundwasserneubildungsrate weniger gut sein, denn die kiesigen Altmoränen unter dem Löß tragen vielfach noch Relikte des tonigen Interglazialbodens, der sich in der letzten Warmzeit gebildet hat.

Die Böden auf der Niederterrasse des Lechs zeichnet gute Durchlässigkeit aus. Sie gleichen den Parabraunerden, die auf den kiesigen Jungmoränen im Osten des Blattes und auf den jungpleistozänen Schwemmfächerkiesen entwickelt sind. Genau wie dort verschlechtert die stärkere Bewaldung die Grundwasserregenerierung. Außerdem wird sie geringer, wo die schon erwähnten "Flußmergel" die Kiese überlagern. Schließlich ist das Niederterrassengebiet der Blatt-Teil, auf dem größere Flächen durch Bebauung versiegelt worden sind, wodurch die Grundwasserregenerierung ebenfalls verringert wird.

Das Volumen des eigentlichen Speichergesteins ist im Jungmoränengebiet als nicht sehr groß einzuschätzen, denn einmal bleibt das Volumen der wallartig aufgeschütteten Sedimente verhältnismäßig gering, zum anderen sind häufiger tonig-mergelige Partien eingeschaltet. Deutlich bessere Verhältnisse bieten demgegenüber die zumindest stellenweise unter den Moränen liegenden Vorstoßschotter, ebenso die Schmelzwasserkiese, die die Schwemmfächer vor der Endmoräne aufbauen. Sie sind frei von dichteren Zwischenlagen. Allerdings ist das Volumen der Schwemmfächer durch geringe Breite und Tiefe eingeschränkt. Die meisten Kiesgruben zeigen die geringe Mächtigkeit dieser Kiese an.

Im Altmoränengebiet spielen die dünnen Lößdecken keine Rolle als Grundwasserspeicher. Die Speicherkapazität der Moränen wird ähnlich wie im Jungmoränengebiet durch tonigere Zwischenlagen vermindert sein. Auch hier sind Vorstoßschotter mit hohem Speichervermögen unter den Moränen zu vermuten. Die Aquiferqualität der Schotter verbessert sich hauptsächlich in Rinnen, die in den präglazialen Untergrund wahrscheinlich an manchen Stellen eingetieft sind. Möglicherweise lassen sich in solchen Positionen auch unter der Jungmoräne die größten Wassermengen erschließen. Als für die Grundwasserspeicherung negativ ist das tief eingeschnittene Lechtal anzusehen, denn es legt die grundwasserführenden Schichten an seinem Osthang frei und das Grundwasser kann in Quellhorizonten austreten. Positiv hingegen wäre zu werten, wenn Lechwasser, das nicht sehr stark belastet sein dürfte, als Uferfiltrat in die Grundwasserspeicher gelangte und so die Neubildungsrate verbesserte. Doch dann müßten die pleistozänen Aquifere mindestens im Niveau des Flußspiegels und nicht darüber liegen, was laut geologischer Karte aber der Fall ist.

Für die westlich des Lechs liegenden Niederterassenkiese bietet sich offensichtlich eine andere Situation. Der Lech dürfte hier noch im Niveau der Kiese fließen, denn deren Mächtigkeit ist aufgrund der übersteilten Schüttung als ziemlich groß anzunehmen, was auch die tiefen Kiesgruben belegen. Zudem gibt es an den Terrassenstufen keine einwandfreien Anzeichen für Quellwasseraustritte, die in der Regel entstehen, wenn die Basis des Kieses angeschnitten wird. Der Wies-Bach in der Südwestecke des Blattes kommt aus einem höheren Gebiet und ist ein "Fremdbach", der vielleicht von Grundwasser gespeist wird, das an der Basis älterer Terrassenkiese in und südlich Ellighofen über dem tonigen Tertiär austreten könnte.

Die Qualität des Grundwassers wird einmal durch hohe Karbonathärte geprägt, da nur kalkhaltiges Speichergestein vorliegt, zum anderen muß mit einer Nitratbelastung vor allem im intensiv landwirtschaftlich genutzten Altmoränengebiet gerechnet werden. Davon betroffen könnte nicht nur das Pumpwerk bei Untermühlhausen sein, sondern auch die Gewinnungsanlagen nordöstlich Landsberg. Von den landwirtschaftlichen Flächen auf der Niederterrasse westlich des Lechs geht vielleicht eine Grundwasserkontamination aus, die das im Pumpwerk westlich Friedheim geförderte Wasser tangiert. Bemerkenswert ist, daß es nur wenige Kläranlagen auf dem Blattgebiet gibt. Es muß angenommen werden, daß die Mehrzahl der Dörfer an keine überörtliche Abwasserentsorgung angeschlossen und folglich als zumindest potentieller Grundwasserverschmutzer einzustufen ist, eine Gefahr, die durch die geringe Bevölkerungsdichte relativiert wird. Insgesamt sollte die Eigenversorgung mit Trinkwasser im Blattbereich noch keine größeren Probleme bereiten.

5.3 Boden

Hinsichtlich der Böden wurde für das Gebiet der jungen Endmoränen im Osten schon ausgeführt, daß dort Parabraunerden geringer Entwicklungstiefe erwartet werden können. Die Böden sind zwar nährstoffreich, haben aber nur eine mittlere nutzbare Feldkapazität, so daß nur in Jahren mit reichlichen und gut verteilten Niederschlägen hohe Erträge erzielt werden. Die Ertragsfähigkeit verschlechtert sich, wenn durch Bodenerosion das Solum und damit auch die Feldkapazität abnimmt. Im totalen Erosionsfall ist mit der dann vorliegenden Kultopararendzina das Maximum der Bodenverschlechterung erreicht. Als natürlicher Waldbestand kommt auf den Parabraunerden der Buchenwald in Betracht.

Die staunassen Böden, die auf tonigen Substraten vorherrschen, sind typische Grünlandstandorte. Der Ackerbau auf ihnen wird durch die lange Vernässung im Frühjahr behindert. Aber auch in feuchten Sommern können die Erntearbeiten erschwert werden, weil der Maschineneinsatz auf den weichen Böden nicht im wünschenswerten Umfange möglich ist. Als Waldbestand kommen auf diesen Böden Tanne und Erle in Betracht, da diese auch auf staunassen Böden genug Wurzelraum gewinnen.

In den abflußlosen Hohlformen der Jungmoränen ist mit Grundwasserböden zu rechnen, also mit Gleyen, Anmooren und Niedermooren, die nur als Grünland genutzt werden können, wobei Beweidung wegen des hohen Grundwasserstandes und der damit nicht gegebenen Trittfestigkeit der Grasnarbe zu vermeiden ist. Natürlicher Waldbestand wird der Erlen-Bruchwald sein.

Das Gebiet der jungpleistozänen Endmoränen stellt wegen seiner vielen noch nicht an die Oberflächentwässerung angeschlossenen kleinen Feuchtökotope und den unmittelbar angrenzenden edaphisch sehr trockenen Kieshügeln ein Areal scharfer Standortkontraste dar, das durch seine kleinräumige Differenzierung ein besonderes ökologisches Gepräge bekommt. Da die künstliche Drainage der vielen kleinen Senken mit großem Kostenaufwand verbunden ist, dürfte in den meisten Fällen mit keiner akuten Gefährdung dieser spezifischen Ökotope zu rechnen sein.

Auf den jungpleistozänen Schottern der Schwemmfächer in und westlich der Jungendmoränen sind ähnliche Böden wie auf den kiesigen Moränen entwickelt. Wegen des ebenen Reliefs werden sie aber wesentlich häufiger für den Ackerbau genutzt. Trotz des ebenen Geländes können Erosionsschäden vorliegen, wenn die Flureinteilung über sehr lange Zeit gleich bleibt, was in diesem Gebiet mit Anerbenrecht zutrifft. Der Pflug transportiert allmählich immer mehr Solum zum Parzellenrand. Dort entstehen Ackerberge aus Kolluvium, während dazwischen stellenweise der unverwitterte Kies freigelegt wird und somit Kultopararendzinen Platz greifen. Auf diesen ertragsschwachen Standorten wird meist besonders intensiv gedüngt und damit wegen des durchlässigen Untergrundes auch das Grundwasser besonders belastet. Als natürlicher Waldbestand sollte Eichenwald in Frage kommen. Heute wird als Wirtschaftswald Kiefernbestand vorherrschen, der jedoch wegen des Kalkgehalts in geringer Tiefe keine optimalen Bedingungen vorfindet.

Im Grünlandgebiet westlich Oberbergen reicht das Grundwasser in den Schmelzwasserkiesen bis dicht an die Oberfläche. Hier werden Gleye weit verbreitet sein, bei deren Weidenutzung wiederum die Trittfestigkeit der Grasnarbe zu berücksichtigen ist. Im Unterschied zu den kleinflächigen Feuchtökotopen der Jungendmoränen liegen hier größere Flächen in einem ebenen Gelände vor, dessen Drainierung weniger aufwendig ist und - wie die Drainagegräben zeigen - auch praktiziert wird.

Die Parabraunerden aus Lößlehm, die das Altmoränengebiet bedecken, gehören seit altersher zu den besten Ackerböden des Alpenvorlandes. Ihr hoher Basengehalt und ihre hohe nutzbare Feldkapazität sowie ihre Tiefgründigkeit werden insbesondere für Weizen- und Zuckerrübenanbau genutzt. Von Nachteil können in sehr ungünstigen Jahren Staunässe und - wegen der Meereshöhe - die schon relativ kurze Vegetationsperiode sein. Hauptsächlich in Muldenlagen sind Spätfröste nicht selten. Der hohe Schluffgehalt des Bodens vergrößert die Anfälligkeit gegenüber der Bodenerosion. Diese wird zudem durch verhältnismäßig lange Hänge und große Ackerschläge verstärkt. Bei Starkregen und schütterer oder fehlender Vegetationsbedeckung gelangen Kolluvien in die Tiefenlinien der Dellen. Auf diesen stickstoffreichen Sedimenten entsteht bei sommerlichen Gewitterregen oft Lagergetreide. Auf manchen exponierten Stellen mag die Bodenerosion bereits die gesamte Lößdecke entfernt haben, so daß durchlässige und trockene Kultopararendzinen auf den freigelegten Altmoränenkiesen vorliegen könnten. Ein ähnlicher Boden entsteht auch dann, wenn primär keine Lößdecke mit Parabraunerde vorhanden war, sondern eine Parabraunerde aus Altmoränenkies, die durch Bodenerosion verschwand. Doch ist das sehr wahrscheinlich selten der Fall, denn an vielen Stellen liegt noch der interglaziale Boden oder ein Rest von ihm auf den Altmoränen. Diese Bodenrelikte sind meist viel mächtiger als der holozäne Boden. Es bedarf besonders kräftiger Abtragung, bevor sämtliche Reste des alten Bodens verschwunden sind und eine Kultopararendzina entstanden ist.

Alle angeführten Nachteile für den Ackerbau werden vermutlich in der Praxis nicht sonderlich ins Gewicht fallen und insgesamt den Ruf der lößbedeckten Altmoränenlandschaft des Blattes Landsberg genau wie den der Altmoränenlandschaft des gesamten nördlichen Alpenvorlandes als Zone wohlhabender Bauern nicht in Frage stellen. In diesem Zusammenhang fällt das Fehlen von Aussiedlerhöfen auf, die gemeinhin als Zeichen prosperierender Landwirtschaft gewertet werden. In Übereinstimmung mit den guten edaphischen Bedingungen für die Landwirtschaft steht jedoch die fast völlige Waldfreiheit des Gebietes. Nur südwestlich Pürgen findet man eine größere Waldfläche. Bei dem auf der Karte eingetragenen Nadelwald sollte es sich um Fichten handeln, die auf den sauren Lößparabraunerden sicher hervorragende Bonität aufweisen. Natürlicher Bestand wäre wohl der submontane Buchen-Eichenwald.

Im Bereich der Hauptfläche der Niederterrasse westlich des Lechs sind ohne Zweifel Böden verbreitet, wie sie bereits von den Schotterflächen zwischen Alt- und Jungmoränenlandschaft beschrieben wurden, also Parabraunerden aus Kies mit geringmächtigem Solum. Die trockenen Standorte werden auf den jüngeren Terrassen wahrscheinlich von Böden abgelöst, die aus "Flußmergel" hervorgingen. Wie schon betont wurde, muß hier mit einer parallel zum Alter zunehmenden Entkalkungstiefe gerechnet werden. Auf den jüngsten, den tiefsten Terrassen könnte der Kalkgehalt noch fast die Oberfläche erreichen, so daß Pararendzinen vorliegen. Deren Standortqualität wird weitgehend von der Mächtigkeit des Flußmergels bestimmt, dessen nutzbare Feldkapazität im Vergleich zum liegenden Kies hoch ist. Dieser positive Effekt wird aber erfahrungsgemäß durch lückenhafte und geringmächtige Verbreitung des Flußmergels eingeschränkt, so daß auch hier wie im übrigen Terrassengebiet trockene Standorte überwiegen. Deshalb ist auch anzunehmen, daß die verbreitete Grünlandnutzung hier nicht auf edaphischer Feuchtigkeit beruht, sondern weil rentabler Akkerbau trotz der im Mittel hohen Niederschläge wegen zeitweise zu großer Trockenheit nicht möglich ist. Die heutigen Wälder werden aufgrund der edaphischen Trockenheit wohl vorwiegend aus Kiefern bestehen, deren Bonität allerdings wegen des geringmächtigen Solums und des darunter folgenden alkalischen Milieus nicht gut sein dürfte. Ursprünglich könnte Eichenmischwald verbreitet gewesen sein.

5.4 Baugrund

Die Qualität des Baugrundes im Gebiet der Jungendmoränen ist durch die häufige Zwischenlagerung von mergeligen Schichten generell eingeschränkt. Über solchen undurchlässigen Partien bilden sich oft lokale Grundwasserkissen, die in Baugruben und Böschungen zu Rutschungen führen. Problematisch hinsichtlich ihrer Tragfähigkeit sind außerdem torfige Füllungen in den abflußlosen Hohlformen. Diese und das insgesamt unruhige Relief erschweren nicht nur die Erschließung von Baugelände, sondern auch den Bau von Verkehrswegen. Von altersher benutzt man deshalb gerne die die Endmoränen schneidenden Schmelzwasserrinnen ("Trompetentälchen") für die Anlage von Wegen, so von Ramsach nach Schöffelding, von Schwifting in Richtung Osten und von Pürgen nach Lengenfeld. Diese Tälchen haben nicht nur ebenes Relief, sondern auch einen gut belastbaren Kiesuntergrund, der zusätzlich frostsicher ist, ein Faktum, das in dem relativ winterkalten Klima ebenfalls nicht zu vernachlässigen ist. Gleiches gilt für die Vorstoßschotter, die unter der Moräne zu erwarten sind. Die E 61 kreuzt unabhängig von Tälchen den Endmoränenzug. Laut Karte kommt sie dabei ohne Einschnitte aus, jedoch werden tiefere Geländepartien mit Dammschüttungen überwunden. Schließlich bleibt zu berücksichtigen, daß im Bereich kiesigen Untergrundes besonders oft mit wenig tragfähigem Material verfüllte ehemalige Abbaue liegen können.

Für die Altmoränen gelten hinsichtlich des Baugrundes ähnliche Einschränkungen wie für die Jungmoränen, nur ist das Relief hier flacher. Die dünne Lößdecke kann bei vielen Baugründungen wohl durchteuft werden, so daß ihre größere Setzungsempfindlichkeit nicht zu stark ins Gewicht fällt. Die unter der Moräne liegenden Vorstoßschotter sind sehr gut belastbar, ihre Verkittung zu Nagelfluh erhöht die Stabilität noch. Größere Probleme bereiten sicher Hänge und Böschungen, die die Grenze Kies/Geschiebemergel oder Kies/tertiäre Tone schneiden. Hier kommt es zu Grundwasseraustritten und zu kräftigen Rutschungen. Das ist am gesamten östlichen Steilhang des Lechtales zu erwarten, dessen Labilität durch die Staustufen noch erhöht worden sein kann. Auf wahrscheinlich aktive Rutschungen wurde bereits bei der Behandlung der Untergrundgesteine hingewiesen. Ein weiterer Unsicherheitsfaktor sind aufgefüllte Kies- oder auch Lößgruben. Solche liegen im Gelände der ehemaligen Ziegelei am Ostrand von Landsberg vor. Auf älteren Karten ist hier ein Grubengelände eingetragen, das auf der Ausgabe 1984 fehlt. Das aufgefüllte Gebiet trägt mehrere größere Gebäude. Ähnliche Altlasten, die zudem noch kontaminiert sein können, wird es gleichfalls im Niederterrassengebiet westlich des Lechs geben, wodurch die hier ansonsten als gut zu bezeichnende Baugrundqualität lokal eingeschränkt wird.

5.5 Lagerstätten

Nutzbare Lagerstätten findet man auf dem Blattgebiet nur in Form der Kiese und Lösse. Die Niederterrassenkiese sind von vorzüglicher Qualität und werden allgemein im Alpenvorland vor allem als Betonzuschlagstoff verwendet. Gleiches gilt für die Schmelzwasserkiese, die vor der Jungendmoräne liegen. Der Abbau von älteren Vorstoßschottern dürfte sich dagegen nur rentieren, wenn die Deckschichten (Löß und

Geschiebemergel) nicht zu mächtig sind. Hier bereitet außerdem die partielle Verkittung der Kiese zu Nagelfluh gewisse Abbauprobleme. In kleinem Umfang, darauf weisen vereinzelte Gruben hin, wird auch Kies aus den gröberen Moränen sowohl des Jung- wie des Altmoränengebietes gewonnen. Lößabbau erfolgte in der erwähnten ehemaligen Ziegeleigrube östlich Landsberg, außerdem am Ziegelstadel südlich Untermühlhausen und in der Grube östlich Kaufering. Bei letzterer fehlt zwar der Hinweis auf eine Ziegelei, aber in der Grube liegen mehrere Gebäude mit größerer Grundfläche, die allenfalls für Ziegeleien, nicht jedoch für Kiesgruben typisch sind, es sei denn, es würden auch dort "Ziegel" (Kalksandsteine) hergestellt. Indessen ist nicht auszuschließen, daß die Gebäude schon einer Nachfolgenutzung zuzuordnen sind. In jedem Fall ist die Grube so flach, daß nur Löß abgebaut worden sein kann. Die geringe Mächtigkeit der Lößdecken wirkt sich natürlich nachteilig auf die Gewinnung von Ziegelrohstoffen aus. Positiv dafür ist hingegen die Kalkfreiheit des Lösses zu bewerten, die in diesen Höhenlagen den Normalfall darstellt.

5.6 Deponien

Die Anlage von Deponien muß wegen des vorwiegend durchlässigen Untergrundes im Blattgebiet als problematisch angesehen werden. Im Vergleich zu den Kiesgruben, in denen oft das Grundwasser zutage tritt, sind die wenigen Lößgruben als die besseren Deponiestandorte einzuschätzen, weil zwischen ihrem Boden und dem Grundwasser meist eine mächtigere Schicht liegt, die aus gut filterndem Kies oder sogar aus interglazialem tonigem Boden besteht, dessen Filterwirkung noch größer ist. Von Natur aus dichte Deponien sind jedoch kaum zu erwarten. Das gilt auch für das Endmoränengebiet. Hier wären Deponien noch am ehesten auf undurchlässigem Untergrund als Hochdeponien einzurichten.

Bedarf an Deponieflächen geht hauptsächlich von der Stadt Landsberg und der neuerbauten Satellitenstadt westlich Kaufering aus. An beiden Plätzen hat zugleich die Bodenversiegelung durch regen Neubau zugenommen. Beteiligt sind daran nicht nur Siedlungs- und Industriebau, sondern auch militärische Anlagen (im Süden Landsbergs und westlich Penzig). Die regere Bautätigkeit hat ihren Schwerpunkt auf den ebenen Terrassenfeldern westlich des Lechs. Das Alt- und das Jungmoränengebiet sind davon wenig betroffen. Die Dörfer haben zwar Bauland erschlossen, das aber offensichtlich, wie die lückenhafte Bebauung zeigt, nur zögernd genutzt wird. Ein Problem, dem Jungmoränenlandschaften häufig in besonderer Weise ausgesetzt sind, tritt im Bereich von Blatt Landsberg nicht in Erscheinung: die in Zungenbecken mangelhafte Vorflut. Selbst die Teile des Dorfes Schöffelding, die östlich der Wasserscheide auf der Jungendmoräne liegen, entwässern über die Schmelzwasserrinnen vor dem nächsten Endmoränenzug nach außen (vgl. Abb. 1 in DIEZ 1967). Insgesamt darf für die Alt- und Jungmoränenlandschaft im Blattbereich trotz fehlender Kläranlagen und trotz des teilweise intensiven Ackerbaus eine verhältnismäßig geringe Landschaftsbelastung angenommen werden.

Literatur zu Kapitel 5

DIEZ, T. (1967): Erl. Bodenkt. von Bayern 1:25 000, Bl. 7931 Landsberg a. Lech. - 124 S.; München.

DIEZ, T. (1973): Erl. geol. Kt. von Bayern 1:25 000, Bl. 7931 Landsberg a. Lech. - 78 S.; München.

FRANKFURTER GEOWISSENSCHAFTLICHE ARBEITEN

Herausgegeben vom Fachbereich Geowissenschaften
Johann Wolfgang Goethe-Universität Frankfurt am Main

Serie A: Geologie - Paläontologie

Band 1   MERKEL, D. (1982): Untersuchungen zur Bildung planarer Gefüge im Kohlengebirge an ausgewählten Beispielen. - 144 S., 53 Abb.; Frankfurt a. M.
DM 10,--

Band 2   WILLEMS, H. (1982): Stratigraphie und Tektonik im Bereich der Antiklinale von Boixols-Coll de Nargó - ein Beitrag zur Geologie der Decke von Montsech (zentrale Südpyrenäen, Nordost-Spanien). - 336 S., 90 Abb., 8 Tab., 19 Taf., 2 Beil.; Frankfurt a. M.
DM 30,--

Band 3   BRAUER, R. (1983): Das Präneogen im Raum Molaoi-Talanta/SE-Lakonien (Peloponnes, Griechenland). - 284 S., 122 Abb.; Frankfurt a. M.
DM 16,--

Band 4   GUNDLACH, T. (1987): Bruchhafte Verformung von Sedimenten während der Taphrogenese - Maßstabsmodelle und rechnergestützte Simulation mit Hilfe der FEM (Finite Element Method). - 131 S., 70 Abb., 4 Tab.; Frankfurt a. M.
DM 10,--

Band 5   KUHL, H.-P. (1987): Experimente zur Grabentektonik und ihr Vergleich mit natürlichen Gräben (mit einem historischen Beitrag). - 208 S., 88 Abb., 2 Tab.; Frankfurt a. M.
DM 13,--

Band 6   FLÖTTMANN, T. (1988): Strukturentwicklung, P-T-Pfade und Deformationsprozesse im zentralschwarzwälder Gneiskomplex. - 206 S., 47 Abb., 4 Tab.; Frankfurt a. M.
DM 21,--

Band 7   STOCK, P. (1989): Zur antithetischen Rotation der Schieferung in Scherbandgefügen - ein kinematisches Deformationsmodell mit Beispielen aus der südlichen Gurktaler Decke (Ostalpen). - 155 S., 39 Abb., 3 Tab.; Frankfurt a. M.
DM 13,--

Band 8   ZULAUF, G. (1990): Spät- bis postvariszische Deformationen und Spannungsfelder in der nördlichen Oberpfalz (Bayern) unter besonderer Berücksichtigung der KTB-Vorbohrung. - 285 S., 56 Abb.; Frankfurt a. M.
DM 20,--

Band 9   BREYER, R. (1991): Das Coniac der nördlichen Provence ('Provence rhodanienne') - Stratigraphie, Rudistenfazies und geodynamische Entwicklung. - 337 S., 112 Abb., 7 Tab.; Frankfurt a. M.
DM 25,90

Band 10   ELSNER, R. (1991): Geologische Untersuchungen im Grenzbereich Ostalpin-Penninikum am Tauern-Südostrand zwischen Katschberg und Spittal a. d. Drau (Kärnten, Österreich). - 239 S., 61 Abb.; Frankfurt a. M.
DM 24,90

Band 11   TSK IV (1992): 4. Symposium Tektonik - Strukturgeologie - Kristallingeologie. - 319 S., 105 Abb., 5 Tab.; Frankfurt a. M.
DM 14,90

Band 12 SCHMIDT, H. (1992): Mikrobohrspuren ausgewählter Faziesbereiche der tethyalen und germanischen Trias (Beschreibung, Vergleich und bathymetrische Interpretation). - 228 S., 45 Abb., 9 Tab., 11 Taf.; Frankfurt a. M.
DM 21,90

Bestellungen zu richten an:

Geologisch-Paläontologisches Institut der Johann Wolfgang Goethe-Universität, Postfach 11 19 32, D-60054 Frankfurt am Main

FRANKFURTER GEOWISSENSCHAFTLICHE ARBEITEN

Herausgegeben vom Fachbereich Geowissenschaften
Johann Wolfgang Goethe-Universität Frankfurt am Main

Serie B: Meteorologie und Geophysik

Band 1 BIRRONG, W. & SCHÖNWIESE, C.-D. (1987): Statistisch-klimatologische Untersuchungen botanischer Zeitreihen Europas. - 80 S., 26 Abb., 5 Tab.; Frankfurt a. M.
DM 7,--

Band 2 SCHÖNWIESE, C.-D. (1990): Grundlagen und neue Aspekte der Klimatologie. - 2. Aufl., 130 S., 55 Abb., 11 Tab.; Frankfurt a. M.
DM 10,--

Band 3 SCHÖNWIESE, C.-D. (1992): Das Problem menschlicher Eingriffe in das Globalklima ("Treibhauseffekt") in aktueller Übersicht. - 2. Aufl., 142 S., 65 Abb., 13 Tab.; Frankfurt a. M.
DM 8,--

Band 4 ZANG, A. (1991): Theoretische Aspekte der Mikrorißbildung in Gesteinen. - 209 S., 82 Abb., 9 Tab.; Frankfurt a. M.
DM 19,--

Bestellungen zu richten an:

Institut für Meteorologie und Geophysik der Johann Wolfgang Goethe-Universität, Postfach 11 19 32, D-60054 Frankfurt am Main

FRANKFURTER GEOWISSENSCHAFTLICHE ARBEITEN

Herausgegeben vom Fachbereich Geowissenschaften
Johann Wolfgang Goethe-Universität Frankfurt am Main

Serie C: Mineralogie

Band 1 SCHNEIDER, G. (1984): Zur Mineralogie und Lagerstättenbildung der Mangan- und Eisenerzvorkommen des Urucum-Distriktes (Mato Grosso do Sul, Brasilien). - 205 S., 9 Abb., 9 Tab.; Frankfurt a. M.
DM 12,--

Band 2 GESSLER, R. (1984): Schwefel-Isotopenfraktionierung in wäßrigen Systemen. - 141 S., 35 Abb.; Frankfurt a. M.
DM 9,50

Band 3 SCHRECK, P. C. (1984): Geochemische Klassifikation und Petrogenese der Manganerze des Urucum-Distriktes bei Corumbá (Mato Grosso do Sul, Brasilien). - 206 S., 29 Abb., 20 Tab.; Frankfurt a. M.
DM 13,50

Band 4 MARTENS, R. M. (1985): Kalorimetrische Untersuchung der kinetischen Parameter im Glastransformations-Bereich bei Gläsern im System Diopsid-Anorthit-Albit und bei einem NBS-710-Standardglas. - 177 S., 39 Abb.; Frankfurt a. M.
DM 15,--

Band 5 ZEREINI, F. (1985): Sedimentpetrographie und Chemismus der Gesteine in der Phosphoritstufe (Maastricht, Oberkreide) der Phosphat-Lagerstätte von Ruseifa/Jordanien mit besonderer Berücksichtigung ihrer Uranführung. - 116 S., 11 Abb., 5 Taf., 27 Tab., 36 Anl.; Frankfurt a. M.
DM 16,--

Band 6 ZEREINI, F. (1987): Geochemie und Petrographie der metamorphen Gesteine vom Vesleknatten (Tverrfjell/Mittelnorwegen) mit besonderer Berücksichtigung ihrer Erzminerale. - 197 S., 48 Abb., 9 Taf., 26 Tab., 27 Anl.; Frankfurt a. M.
DM 15,--

Band 7 TRILLER, E. (1987): Zur Geochemie und Spurenanalytik des Wolframs unter besonderer Berücksichtigung seines Verhaltens in einem südostnorwegischen Pegmatoid. - 173 S., 25 Abb., 2 Taf., 20 Tab.; Frankfurt a. M.
DM 12,--

Band 8 GÜNTER, C. (1988): Entwicklung und Vergleich zweier Multielementanalysenverfahren an Kohlenaschen- und Bodenproben mittels Röntgenfluoreszenzanalyse. - 124 S., 38 Abb., 37 Tab., 1 Anl.; Frankfurt a. M.
DM 13,--

Band 9 SCHMITT, G. E. (1989): Mikroskopische und chemische Untersuchungen an Primärmineralen in Serpentiniten NE-Bayerns. - 130 S., 39 Abb., 11 Tab.; Frankfurt a. M.
DM 14,--

Band 10 PETSCHICK, R. (1989): Zur Wärmegeschichte im Kalkalpin Bayerns und Nordtirols (Inkohlung und Illit-Kristallinität). - 259 S., 75 Abb., 12 Tab., 3 Taf.; Frankfurt a. M.
DM 16,--

Band 11 RÖHR, C. (1990): Die Genese der Leptinite und Paragneise zwischen Nordrach und Gengenbach im mittleren Schwarzwald. - 159 S., 54 Abb., 15 Tab.; Frankfurt a. M.
DM 15,--

Band 12 YE, Y. (1992): Zur Geochemie und Petrographie der unterkarbonischen Schwarzschieferserie in Odershausen, Kellerwald, Deutschland. - 206 S., 58 Abb., 15 Tab., 5 Taf.; Frankfurt a. M.
DM 19,--

Band 13 KLEIN, S. (1993): Archäometallurgische Untersuchungen an frühmittelalterlichen Buntmetallfunden aus dem Raum Höxter/Corvey. - 203 S., 28 Abb., 14 Tab., 12 Taf., 13 Anl.; Frankfurt a. M.
DM 33,--

Bestellungen zu richten an:

Institut für Geochemie, Petrologie und Lagerstättenkunde der Johann Wolfgang Goethe-Universität, Postfach 11 29 32, D-60054 Frankfurt am Main

FRANKFURTER GEOWISSENSCHAFTLICHE ARBEITEN

Herausgegeben vom Fachbereich Geowissenschaften
Johann Wolfgang Goethe-Universität Frankfurt am Main

Serie D: Physische Geographie

Band 1 BIBUS, E. (1980): Zur Relief-, Boden- und Sedimententwicklung am unteren Mittelrhein. - 296 S., 50 Abb., 8 Tab.; Frankfurt a. M.
DM 25,--

Band 2 SEMMEL, A. (1991): Landschaftsnutzung unter geowissenschaftlichen Aspekten in Mitteleuropa. - 3., verb. Aufl., 67 S., 11 Abb.; Frankfurt a. M.
DM 10,--

Band 3 SABEL, K. J. (1982): Ursachen und Auswirkungen bodengeographischer Grenzen in der Wetterau (Hessen). - 116 S., 19 Abb., 8 Tab., 6 Prof.; Frankfurt a. M.
DM 11,50 (vergriffen)

Band 4 FRIED, G. (1984): Gestein, Relief und Boden im Buntsandstein-Odenwald. - 201 S., 57 Abb., 11 Tab.; Frankfurt a. M.
DM 15,-- (vergriffen)

Band 5 VEIT, H. & VEIT, H. (1985): Relief, Gestein und Boden im Gebiet von "Conceiçao dos Correias" (S-Brasilien). - 98 S., 18 Abb., 10 Tab., 1 Kt.; Frankfurt a. M.
DM 17,--

Band 6 SEMMEL, A. (1989): Angewandte konventionelle Geomorphologie. Beispiele aus Mitteleuropa und Afrika. - 2. Aufl., 116 S., 57 Abb.; Frankfurt a. M.
DM 13,--

Band 7 SABEL, K.-J. & FISCHER, E. (1992): Boden- und vegetationsgeographische Untersuchungen im Westerwald. - 2. Aufl., 268 S., 19 Abb., 50 Tab.; Frankfurt a. M.
DM 18,--

Band 8 EMMERICH, K.-H. (1988): Relief, Böden und Vegetation in Zentral- und Nordwest-Brasilien unter besonderer Berücksichtigung der känozoischen Landschaftsentwicklung. - 218 S., 81 Abb., 9 Tab., 34 Bodenprofile; Frankfurt a. M.
DM 13,--

Band 9 HEINRICH, J. (1989): Geoökologische Ursachen luftbildtektonisch kartierter Gefügespuren (Photolineationen) im Festgestein. - 203 S., 51 Abb., 18 Tab.; Frankfurt a. M.
DM 13,--

Band 10 BÄR, W.-F. & FUCHS, F. & NAGEL, G. [Hrsg.] (1989): Beiträge zum Thema Relief, Boden und Gestein - Arno Semmel zum 60. Geburtstag gewidmet von seinen Schülern. - 256 S., 64 Abb., 7 Tab., 2 Phot.; Frankfurt a. M.
DM 16,--

Band 11 NIERSTE-KLAUSMANN, G. (1990): Gestein, Relief, Böden und Bodenerosion im Mittellauf des Oued Mina (Oran-Atlas, Algerien). - 163 S., 17 Abb., 13 Tab.; Frankfurt a. M.
DM 12,--

Band 12 GREINERT, U. (1992): Bodenerosion und ihre Abhängigkeit von Relief und Boden in den Campos Cerrados, Beispielsgebiet Bundesdistrikt Brasilia. - 259 S., 20 Abb., 15 Tab., 24 Fot., 1 Beil.; Frankfurt a. M.
DM 18,--

Band 13 FAUST, D. (1991): Die Böden der Monts Kabyè (N-Togo) - Eigenschaften, Genese und Aspekte ihrer agrarischen Nutzung. - 174 S., 33 Abb., 25 Tab., 1 Beil.; Frankfurt a. M.
DM 14,--

Band 14 BAUER, A. W. (1993): Bodenerosion in den Waldgebieten des östlichen Taunus in historischer und heutiger Zeit - Ausmaß, Ursachen und geoökologische Auswirkungen. - 194 S., 45 Abb.; Frankfurt a. M.
DM 14,--

Band 15 MOLDENHAUER, K.-M. (1993): Quantitative Untersuchungen zu aktuellen fluvial-morphologischen Prozessen in bewaldeten Kleineinzugsgebieten von Odenwald und Taunus. - 307 S., 108 Abb., 66 Tab.; Frankfurt a. M.
DM 18,--

Band 16 SEMMEL, A. (1993): Karteninterpretation aus geoökologischer Sicht - erläutert an Beispielen der Topographischen Karte 1 : 25 000. - 85 S.; Frankfurt a. M.
DM 12,--

Bestellungen zu richten an:

Institut für Physische Geographie der Johann Wolfgang Goethe-Universität, Postfach 11 19 32, D-60054 Frankfurt am Main